ニュートン ミリタリーシリーズ

F-35 LIGHTNING Ⅱ

THE FIGHTER EVOLUTION

ジェイミー・ハンター＝著
時実雅信＝監修・訳

NEWTON PRESS

F-35 LIGHTNING Ⅱ
THE FIGHTER EVOLUTION

アメリカ海兵隊の第1海兵実用試験飛行隊（VMX-1）のF-35B。（©ジェイミー・ハンター）

序章

ゲーム・チェンジャー

ロッキード・マーチンのF-35ライトニングII計画関係者はこの航空機について，戦闘機の流れに変革をもたらす“ゲーム・チェンジャー”と呼ぶ。同機はさまざまな観点で賞賛に値する。第一に単座型の航空機であり，顧客の多様なニーズを満たすために三つの異なる派生型が製造されている。すなわち通常離着陸型（CTOL）F-35A，短距離離陸・垂直着陸型（STOVL）F-35B，空母型（CV）F-35Cである。

これらの航空機に搭載される技術は，世界的に“有能な名門（ロッキード・マーチン）”に属するライトニングIIに凝縮されており，多くの運用国に支持されるよう，異なるモデルに共通する標準化がなされている。その能力は，作戦の最前線に立つ“ナイト・ワン”と呼ばれるステルス攻撃部隊や，より活動しやすい環境で近接航空支援を行う重装備の“ボム・トラック”で使われる。

パイロットは，F-35に見られる多くの先進的なアビオニクス（航空機用の電子機器）を統合するセンサー融合[*1]に驚愕しているようだ。航空機が戦闘用の万能機へと成熟する際には産みの苦しみがともなうものだが，問題の大部分は修正された。

軍用機の同時開発は常に論争の的で，顧客は開発試験が完了するずっと前にF-35の大量導入に同意していた。実際，ロッキード・マーチンは2018年6月に300機目のF-35を納入したが，その節目となる機体は，ユタ州ヒル空軍基地のアメリカ空軍向けF-35A（15-5175/AF-150）だった。しかし550億ドルを投じたシステム開発・実証試験（SDD）段階が完了したのは4月11日で，F-35C試験機CF-02は2,000ポンド（907kg）GBU-31統合直接攻撃弾（JDAM）とAIM-9Xサイドワインダー空対空ミサイルを搭載して荷重データを収集する任務を終えたばかりだった。

アリゾナ州ユマ海兵隊航空基地に所属する第211海兵戦闘攻撃飛行隊“ウェーク・アイランド・アベンジャーズ”のF-35B小隊。（©ジェイミー・ハンター）

ロッキード・マーチンと業界のパートナーは開発と生産を並行し，全体的な能力に自信をもって生産を拡大することができた。製造コストを下げるには，生産効率の向上が鍵となる。生産量の増加とさらなる効率化が実施され，ロッキード・マーチンは2020年までにF-35Aの単価コストを8,000万ドルに引き下げる目途がついたと述べた。2018年に納入される生産ロット10のF-35Aが9,430万ドルなのに対し，F-35BとF-35Cはそれぞれ1億2,240万ドルと1億2,120万ドルになる。これらのコストはF-35Aが7.5％，F-35BとF-35Cがロット9の航空機と比べて約6.2％の削減になる。

F-35統合計画部（JPO）部長のマット・ウィンター中将は，次のように述べている。「F-35の兵器システムは国防戦略の重要な基盤であり，作戦要件を満たすために必要な戦闘実証済みの高度な能力を戦闘員に提供している。300機目となる生産機の納入は特許庁，アメリカ軍，パートナー，産業界全体の効果的なF-35共同事業を強調する重要な節目である。前進していくために私たちF-35チームは開発，生産，維持管理に努力しているライン全体でコストを削減し，品質を向上させ，より早い納期の実現を約束している」。

F-35の初期生産である300機の内訳はF-35Aが197機，F-35Bが75機，F-35Cが28機で，アメリカおよび海外の顧客に納入された。6月時点で620人以上のパイロットと5,600人以上の整備員が訓練を受け，F-35部隊はのべ14万時間以上の飛行を突破した。F-35チームは2017年の納入目標66機を達成し，前年比40%以上の増加となった。2018年には91機の納入を目標とし，2023年には前年比約160機のペースで増産する準備を進めている。

ロッキード・マーチンはテキサス州フォート・ワースの自社工場と三菱重工の名古屋（日本）の最終組立・検査施設（FACO）*2，レオナルド社（イタリア）航空機事業部のカーメリFACOの3カ所で生産を行っている。システム開発・実証試験が終了し，統合運用試験チーム（JOTT）の初期運用試験評価（IOT&E）作業に引き渡された。このハードルをクリアすることで，本格的な生産に向けて自信が得られ，青信号がともる。

ライトニングIIの今後の近代化には，2018～2024年度に約160億ドルがかかると予想されている。“継続的な能力開発と搬入（C2D2）”戦略により，強化された新機能を機体の寿命が尽きるまで追加していくのだ。

ライトニングIIはアメリカの空軍，海兵隊，イタリア空軍，イスラエル空軍で初期運用能力に達しており，イスラエル空軍は戦闘に投入している。この“ゲーム・チェンジャー”機の特徴，技術，設計についてはほかでも書かれているので，本誌ではF-35の導入現場を追った。

ジェイミー・ハンター（著者・編集）

＊1 複数のセンサーから送られてくるデータを融合させ，位置や方位，状況認識を維持するシステム。

＊2 日本国内のライセンス生産用として，三菱重工小牧南工場に設置されたアメリカ国防総省認定の施設。

第1章 イギリスのリーダーシップ

潜在能力を引き出す

リンカーン・テイラー准将は，イギリス空軍戦闘航空部隊の戦備担当部長であり，イギリスにおけるF-35の上級責任者（SRO）も兼ねている。イギリス初となるライトニングⅡの初期運用に向けて準備が進められるなか，計画の概要を説明するのに，これ以上の適任者はいない。

2016年，ロイヤル・インターナショナル・エアタトゥーとファーンボロー国際航空ショーのために初めてイギリスを訪問したF-35B。（©ジェイミー・ハンター）

イギリス軍のF-35Bの導入を監督する責務を負っているテイラー准将。（©ジェイミー・ハンター）

私（リンカーン・テイラー）にとって最も重要な出来事，つまり計画の大きな節目は今年（2018年）末にイギリス初の第5世代戦闘機が初期運用能力（IOC）の獲得を宣言することである。その一部は今年の夏に帰国するF-35Bが錬成期間を開始し，さまざまな開発過程（人，訓練，支援，兵站，理論，教義が連携）がもちこまれ，12月までに初期運用能力を宣言できるようにすることだ。

ライトニングは開発に長い時間を費やしてきた。非常に複雑な，すばらしい機体だ。イギリスの空軍と海軍は，非常に多くの機能が備わっているこの次世代航空機の操作を学ぶ必要がある。私たちは，このプラットフォームによって世界をリードするセンサーを手にする。驚異的なレーダー，すばらしいセンサー融合，そして，それらすべてが現在“第5世代戦闘機”と呼ばれている低観測性（LO）一式に集約されている。だから，その多様な側面をどうやって最大限に生かすか。それは今年の目標というだけではなく，今後の抱負についてもいえる。次は何が来るのか？　ライトニングの可能性とは？

目指すもの

私にはライトニングだけでなくユーロファイター・タイフーン，イギリスの未来型戦闘航空システム（FCAS），またそれらを統合する領域を担当するという特権がある。今年はF-35Bの初期運用能力に加えて，MBDA社の驚異的な長距離ミサイル「ミーティア」，デュアルモード・シーカー*を装備する対装甲兵器「ブリムストーン」ミサイル，スタンドオフ巡航ミサイル「ストーム・シャドー」を搭載した汎用機「センチュリオン・タイフーン」が実現する。

＊ ミリ波とレーザー誘導のどちらか，またはデュアルモードの目標検知追尾装置を装備している。

それで現在は戦闘空域と敵地の奥深くにある標的に対して攻撃する機能をともに運用・管理しており，本当の意味で相乗効果を発揮している。私たちはバベルフィッシュ*と呼ばれる一連の試みを始め，現在はバベルフィッシュⅣまで進んでいるが，それは本質的に情報・監視・偵察作業（第4世代と第5世代のプラットフォーム間における情報交換の試験）だ。これには，航空戦センターとともに，第17および第41試験評価飛行隊が連携してあたっている。第5世代から第4世代へのデータ交換についてはいろいろな意見がある。私にとって，それは情報が縦横無尽に流れ，皆で協力し合うことになるということだ。私たちは戦場で最も必要とされる情報を送る必要がある。

2014年11月13日，ペイブウェイⅣと先進短距離空対空ミサイルの外装兵器を合わせた完全装備で飛行するF-35B（BF-02）。（©ロッキード・マーチン／レイン・ラフター）

私たちが“本質的なISR（情報・監視・偵察）”と呼ぶものによって，F-35とタイフーンの両方からどうやって潜在能力を最大限に引き出せるか調べることができる。たとえば，「タイフーン」の赤外線追跡装置「パイレート」が何かを検知した場合，そのデータをすべてのプラットフォームでどうやって最大限に活用するか，といった場合だ。

＊ イギリスの作家ダグラス・アダムズが1979～1992年にかけて発表したSF小説シリーズ『銀河ヒッチハイク・ガイド』（河出文庫）に登場する架空の生物で，あらゆる言語を瞬時に翻訳する能力をもつ。

ライトニングの節目

イギリス軍にとって，F-35Bの初期運用能力は，航空機の標準的な戦闘能力を十分に提供してくれるものだ。F-35Bのプラットフォームはブロック3F標準により，ペイブウェイIV精密誘導爆弾，AIM-120先進中距離空対空ミサイル（AMRAAM），AIM-132先進短距離空対空ミサイル（ASRAAM）を使用できる。これは，システム開発・実証試験段階でクリアし，適格性が認められた兵器だ。

初期運用能力に向けて，すべての兵器が使用可能であると確認されている。システム開発・実証の下で開発飛行試験が終了し，現在は戦術，技術，それに手順を理解する運用試験の開始に向けた認証手続きを行っている。イギリスでは9機を運用可能にする予定で，今年末までに全17機を入手する（さらにあと1機が続く）。一部の機体は訓練のためアメリカに残り，整備と最新のソフトウエア規格の更新を行う。5機は来年7月に運用転換部隊（OCU）である第207飛行隊を立ち上げるまで，サウスカロライナ州ビューフォート海兵隊航空基地の第501海兵戦闘訓練飛行隊に残る。また，カリフォルニア州エドワーズ空軍基地の第17運用試験飛行隊にも，3機が残る。

2016年のシステム開発・実証試験段階の作戦で，統合試験部に属する第461飛行試験飛行隊“デス・ジェスター”のF-35Bが先進短距離空対空ミサイルの試射を行う。（©ロッキード・マーチン／ダーリン・ラッセル）

さらに，ロッキード・マーチンと契約を結び，イギリスに48機の短距離離陸・垂直着陸型F-35Bを導入する。次の目標である開発完了の宣言となる完全運用能力（FOC）は2023年頃になると思う。2015年の戦略防衛・安全保障見直し（SDSR）までに，運用飛行隊を二つと運用転換部隊を一つ設置する計画を明確にする。第809海軍航空隊は2023年4月に立ち上がり，12月には完全に運用を開始する。そのときには，2カ所で同時進行できるようになっている。

もちろん，それで終わりではない。実際，私は今2023年以降に納入される航空機の承認を得ており，これらの飛行隊に支援を拡大していく。さらに90機の追加要求があり，最終的な総保有数は138機になる。

戦略防衛・安全保障見直しでは，統合戦闘機（JCA）の要求分としてF35Bを48機認めており，未来型戦闘航空システムでは，さらに90機を求めている。現在，私たちはF-35AとBの最適な組み合わせを評価している。

絶え間ない増強

私たちはF-35を2012年から飛ばしていることを忘れてはいけない。イギリスにやってくる航空機を見て真新しいと思う者もいるだろうが，実際には6年間の経験と非常に多くの実績を得ている。すでにこの任務の専門家がおり，支援してくれたアメリカ海兵隊には大いに恩義がある。彼らがいなければ，イギリスが必要とする初期運用能力を満たす訓練を迅速に行うという目標は，達成できなかっただろう。

2017年1月27日，メリーランド州のパタクセント（またはパックス）・リバー海軍航空基地で行われた分離試験で，アンディ・エジェル少佐が操縦するBF-03が先進中距離空対空ミサイルを発射する。（©ロッキード・マーチン／デーン・ウィードマン）

アメリカの空軍，海軍，海兵隊は陸と海からF-35を運用する。私は以前，空母でハリアーに乗って攻撃し，アメリカ空軍のF-117ナイトホークの低観測性コミュニティで勤務していたので，F-35をどこで運用するかについてはまったく気にしていない。空母「クイーン・エリザベス」やマーハム空軍基地では，平等に責任をもつ雰囲気や環境を目に

イギリス軍はビューフォート海兵隊航空基地の第501海兵戦闘攻撃訓練飛行隊“ウォーローズ”の下に，F-35Bのパイロットと技術者の初期幹部を置いた。（©ジェイミー・ハンター）

する。陸であれ海であれ，どこから離陸しようとも円滑に行いたい。根本的に重要なのは，このシステムで運用する際に何をするかだ。車輪が引き込まれると同時に，パイロットはこの航空機に任せて事を運べばよい。F-35の道のりは2012年に始まったばかりだ。

F-35は2050年まで飛行する予定で，その間は継続的に近代化しなければならない。システム開発・実証試験が終了したからといって，段階的で大規模な増強を何年も待つ必要はない。その代わり，この航空機を運用する国の能力を最新にするために更新し続け，常に敵の一歩先をいく。脅威に先んじて，恒常的に近代化しなければならない。“継続的な能力開発と搬入”計画は，今後も続く近代化のための新しい納入の仕組みだ。この航空機がもつ機能の多くはソフトウエアで実現されており，およそ半年ごとに新しい機能が追加されるという，すばやいプロセスで実現されている。

ブロック4は，“継続的な能力開発と搬入”の過程を経て提供される。イギリスではミーティアのスペア3（射程能力の選択的精密効果3）ミサイルに加えて，能力を向上させた最新型のペイブウェイIV誘導爆弾が導入される。システム開発・実証試験後に最初の兵器となるのは，このペイブウェイIV戦術貫通爆弾だ。続いてブロック4からブロック6で先進短距離空対空ミサイルへの更新が予定されている。先を見すえて，すでにブロック5と6の定義に取り組んでいる。

第17試験評価飛行隊のF-35Bが，エドワーズ空軍基地付近を飛行する。（©ジェイミー・ハンター）

第17試験評価飛行隊は運用評価のために，3機のF-35Bをアメリカ国内に保有している。（©ジェイミー・ハンター）

革命的な取り組み

今のところ，初期運用能力に向けてすべてをまとめ上げることに主眼を置いており，マーハム空軍基地への人員の段階的な復帰にも着手している。すでにここに戻って新しいライトニング部隊本部で働いている者もいる。ライトニングの基盤をつくるチームは，マーハムの新しい印象的なインフラで驚異的な仕事をしている。

これらの航空機を運用・保守する

イギリスは2018年末のF-35Bの初期運用能力に向けて動いている。いずれライトニングの姿がイギリス国内で頻繁に見られるようになるだろう。（©ジェイミー・ハンター）

環境はとても重要だ。初めて運用する低観測性航空機をサポートする道具や技量も必要だ。私たちの目的は，ライトニング部隊が最も適した高度な戦闘環境で活動できるよう準備することだ。F-117コミュニティでの経験から，世界中のどこへでも行ける高い即応性をもつ二つの飛行隊を保持できることを学んだ。そのためには，低観測性の整備が必要であることを理解し，適切な物資を確保することが重要だ。私たちのF-35は，すぐに配備できるようにしておかなければならない。

マーハム基地にはネットワークでつながったF-35シミュレーターが4台あり，航空機と同様の能力をフルに発揮できる。このような人工環境を訓練に使用することには，三つの大きなメリットがある。まず，実戦的な飛行を減らせるので，訓練の提供方法として費用対効果が高い。次に，パイロットが人工環境で任務をリハーサルするので，実戦的な飛行がより効果的になる。加えて，安全上の理由から人工環境でしか実行したくない任務にも対応できる。2020年までには，これらの施設を新しい防衛運用訓練能力（Air）にリンクさせ，すべてのプラットフォームと領域にわたる新しい総合的な戦闘訓練環境を提供できることを目指している。

このようにライトニング部隊を前進させていくにあたっては，とても重要な要素がたくさんある。これら

第501海兵戦闘訓練飛行隊での訓練中にF-35Bで垂直着陸するヒュー・ニコルズ少佐。（©ジェイミー・ハンター）

の航空機をアメリカの空軍や海兵隊と同じように，陸や海から運用することを考えている。これは今後40年の体制の基礎をつくる意味で非常に大きな事業だ。

ビューフォート海兵隊航空基地でF-35Bに乗り込むヒュー・ニコルズ少佐。2019年に第207飛行隊が運用転換部隊として立ち上がるまで，ここで訓練が続く。（©ジェイミー・ハンター）

第2章 イギリスの飛行試験

パックスの開拓者

2017年5月17日，F-35B（BF-03）からトム・フィールズ中佐がAIM-132先進短距離空対空ミサイルを試射する。（©ロッキード・マーチン／アンディ・ウルフ）

ファーンボロー国際航空ショーで記者と話す，BAEシステムズ社のテスト・パイロット，ピーター・“ウィザー”・ウィルソン。ウィルソンはSTOVLを先導するテスト・パイロットだ。（©ロッキード・マーチン／リズ・ルッツ）

BAEシステムズはF-35の統合試験部隊において中心的な役割を果たしており，今後もそれは続く。ジェイミー・ハンターがイギリスの試験チームで重要な二人のメンバーに話を聞いた。

BAEシステムズ社は，ロッキード・マーチンの統合打撃戦闘機(JSF)計画における最も重要な業界パートナーのひとつだ。2018年は，ランカシャー州サムルズベリーにある特注の製造工場から400機目となるF-35の胴体後部を納入する予定だ。同社はF-35の三つの型すべての後部胴体，水平尾翼，垂直尾翼を製造しており，これまでに発表された計画では3,184機が必要とされている。BAEシステムズにとっては，巨大なビジネスだ。

マーティン・ピーターズは同社のF-35試験飛行マネージャーであるとともに，STOVL(短距離離離陸・垂直着陸)試験のリーダーでもある。彼はメリーランド州パタクセント(通称パックス)・リバー海軍航空基地のオフィスで，本誌にこう語った。「私たちのF-35への関わりは，2001年にパームデールで飛行したX-35の開発機に始まり，フォート・ワースで立ち上げたF-35の業界チームに至るまで多岐にわたる。BAEシステムズは，F-35に関わるグローバル企業の中心的存在であるとともに，計画のなかでアメリカを除けば最も中核的な役割を担うパートナーであり，多分野にわたり15%の作業を分担している」。

BAEシステムズは計画のごく初期に，飛行試験で制御法の開発に大きく関わった(主としてF-35Bに焦点を当てていた)。実際，同社のテスト・パイロットであるグラハム・トムリンソンは，2008年6月にF-35Bの試験機BF-01の初飛行を行っている。「2002年以来，飛行試験のコミュニティで中核となるチームを置いている」とピーターズは言う。チームには，550億ドルを投じたシステム開発・実証段階で重要な役割を担うイギリスの飛行試験技術者も加わっている。4月11日にF-35C試験機CF-02が2,000ポンド(907kg)GBU-31統合直接攻撃弾とAIM-9Xサイドワインダー空対空ミサイルを外装して負荷データを収集する任務を正式に完了した。

システム開発・実証試験の飛行試

パタクセント・リバー海軍航空基地で，統合試験部隊の試験中にジョン・ダーク少佐がBF-04を操縦する。（©ロッキード・マーチン／デーン・ウィードマン）

験は，F-35A AA-1が初飛行した2006年12月に始まった。それ以来，政府と産業界の合同チームは19機の試験機を使用して9,200回以上の出撃を行い，17,000時間以上の飛行時間を記録，65,000以上のテスト・ポイントを実施して，ライトニングIIの三つの型すべての設計，耐久性，ソフトウエア，センサー，兵器能力，性能を検証した。

システム開発・実証試験は，初期運用試験評価が完了し，2019年後半に完全生産が承認されると，正式に終了する。すでに初期運用試験評価の前段階にあり，2018年9月から本格的な評価が開始される予定だ。

外部兵装とガンポッドを搭載したSTOVLモードのBF-01。2013年3月20日に行われた試験飛行では，ピーター・ウィルソンが操縦を担当した。（©ロッキード・マーチン／マイケル・D・ジャクソン）

システム開発・実証試験の一環として試験チームは6回の海上派遣を行い，F-35Bで1,500回以上の垂直着陸（VL）試験を実施した。開発飛行試験チームは183回の兵器分離と，46回の兵器運搬精度（WDA），33回の任務有効性の試験を完了した。そのなかには最大8機のF-35で多数の艦艇を相手にする高度な脅威対抗任務も含まれていた。

システム開発・実証試験は終了したが，統合計画事務局による“継続的な能力開発と搬入”のもと，F-35の段階的な能力向上と近代化の開発が続けられ，ブロック4の強化が行われる。この取り組みはライトニングIIの能力を段階的に向上させ，進化する脅威に対する制空権の維持を

“ウィザー”・ウィルソンが操縦するBF-01が開発試験IIのために，強襲揚陸艦「ワスプ」に到着する。（©ロッキード・マーチン／アンディ・ウルフ）

可能にする。

「仲間は初日からパタクセント・リバー海軍航空基地で働いている」とピーターズは続ける。「統合試験部隊（ITF）はここパタクセントのほか，エドワーズ空軍基地にもある。システム開発・実証試験は完璧な試験過程だ。規模が大きく費用もかかるが，とても包括的だった」。

ピーターズはシステム開発・実証試験段階の終了について，こう語る。「これでF-35の第一段階（初期艦隊運用能力）の引き渡しが完了した。フライト・エンベロープ*をきわめ，機体内外の装備を全部テストした。ミサイルを発射し爆弾を投下してセンサー一式をすべてチェックし，目的にかなっていると認められた。現在は多くの成果とともに主要な試験が終了し，請負主導の開発演習から政府の持続的プログラムへと移行している」。

イギリスの焦点

システム開発・実証試験の最後の出撃でCF-02の操縦桿を握ったのは，BAEシステムズのF-35テスト・パイロット，ピーター・“ウィザー”・ウィルソンだった。しかし，その翌日に彼とチームは早くも仕事を再開しており，進行中の試験作業のペースは容赦なく変わらない。統合試験部隊チームはシステム開発・実証試験の一線を越えたかもしれないが，その作業はまだ終わらないだろう。実際，マーティン・ピーターズによると，仕事の量は増えていくと予想される。システム開発・実証試験のF-35部隊はわずかに減少し，旧式化の問題で2023年からは新たな航空機が試験部隊に加わると見られる。今後数年間，BAEシステムズのチームはイギリスのための能力に焦点を当てている。

ピーターズによると，「今年（2018年）は，空母『クイーン・エリザベス』が大きな話題になっている。それにはチームのほとんどが関わる。さらに2019年には，2020年代半ばに能力を提供することになるメテオ（視界外空対空ミサイルBVRAAM）とスペア3の統合作業を開始する予定だ」という。

システム開発・実証試験計画には，イギリス独自の兵器に関する作業として，レイセオンの精密誘導爆弾ペイブウェイIVとMBDAのAIM-132先進短距離空対空ミサイルが含まれている。イギリスにとって初期運用能力の一部として実戦投入される予定だ。「ここで行われる兵器の試験作業は，まず砲架から始まる」と“ウィザー”ことウィルソンは言う。「一

* 飛行包囲線とも呼び，航空機の飛行可能な速度や荷重や高度の範囲を示す。

般的には，地上試験から始まる。飛行前に武器を積み替えて，気流のなかでミサイルを吊るしたり，兵器ベイのドアを開けて兵器を露出させたりする。それをさまざまな対気速度と迎撃角で行う。音響効果，振動，温度などをチェックして，最終的には兵器を分離するに至る。そして，その精度の試験に入る」。

これらの兵器試験の多くはパタクセント・リバー基地で実施されたが，大部分の発射は適切な射程と標的を備えるエドワーズ基地で行われた。ウィルソンは，「ペイブウェイIVと先進短距離空対空ミサイルの作業は，開発試験の観点からはすべて完了している」と説明し，2018年中に第17試験評価飛行隊での運用試験が予定されていると語る。「兵器の開発は統合試験部隊全体で行われた。統合試験部隊のどこからでも誰でも参加でき，その日に“最高の選手”を選び，どんな課題でもクリアできる」。

システム開発・実証試験段階のピーク時に，BAEシステムズはパックスの統合試験部隊に二人のテスト・パイロットを配置していた。現在，イギリスのテスト・パイロットはウィルソンと空軍の2人で構成されている。

空母での試験

BAEシステムズはF-35BのSTOVL飛行試験の運用と計画をリードしている。F-35Bを搭載した「クイーン・エリザベス」級空母での第一級試験は，2018年9月下旬にアメリカ東海岸で開始される予定だ。

ピーターズはエドワーズの第17試験評価飛行隊の支援を得て，「パックスから200人を乗艦させる」と言う。そして，「クイーン・エリザベス」の試験で重要な役割を果たす“ウィザー”・ウィルソンは，「今年はここから2機のF-35B試験機を『クイーン・エリザベス』に載せて，約4週間，途中で短い休憩を挟んで2回行う。来年2019年の秋には，さらに6週間を予定している」と語る。「私はF-35Bのテスト・パイロットとして，過去3回，艦上試験に参加した。『クイーン・エリザベス』計画のメイン・パイロットはアンディ・エジェル少佐だが，私は4人いるパイロットの一人だ」。

統合試験部隊が初めてF-35Bをイギリス海軍の巨大な新空母に投入する際は，明らかにウィルソンの経験がとても重要になる。「週に6日間，パイロット全員を飛ばす計画で，私が強い関心をもつイベントもある。たとえば，横揺れする艦上で短

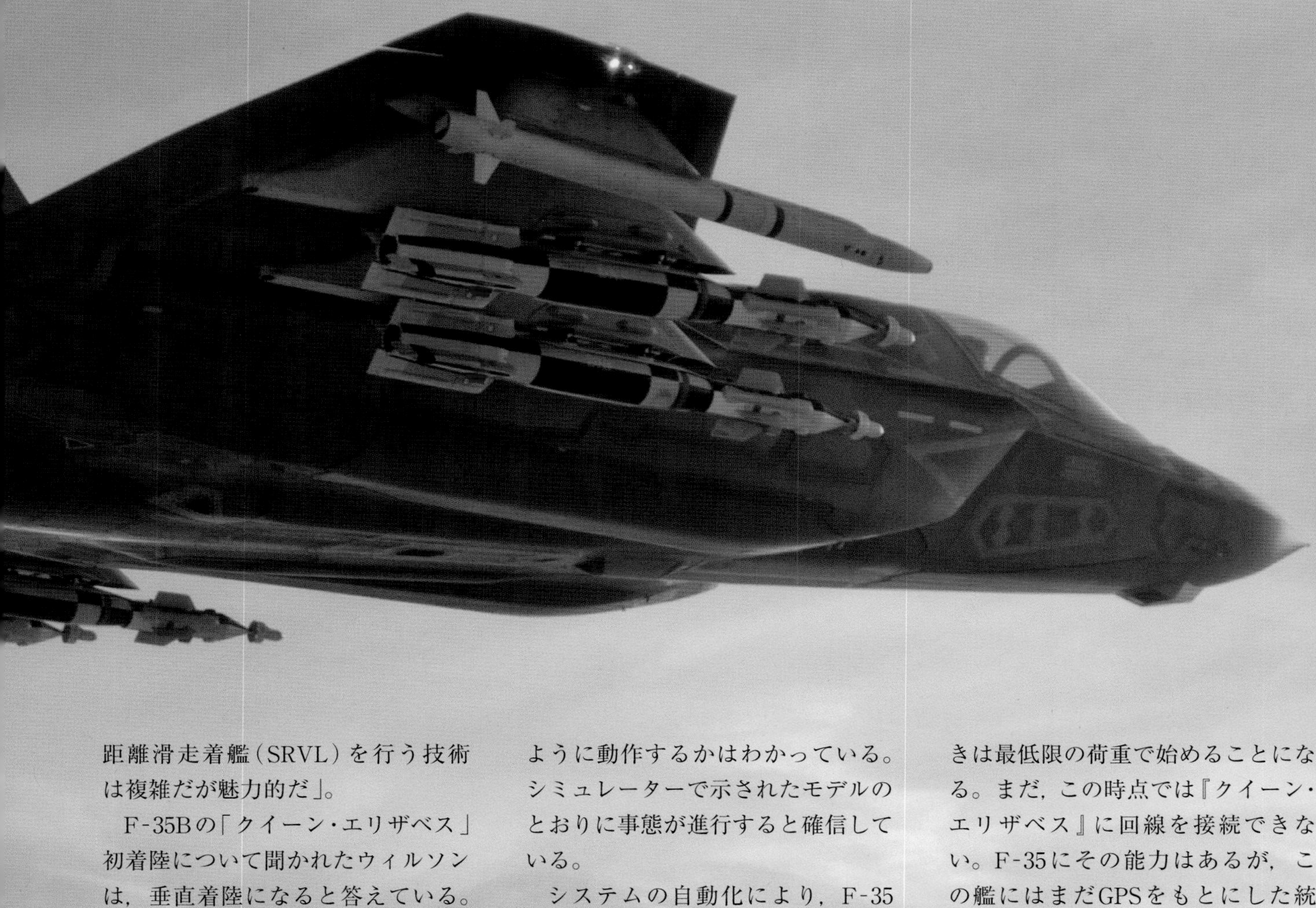

統合試験部隊は2014年にパタクセント・リバー海軍航空基地で，F-35Bに搭載された先進短距離空対空ミサイルとペイブウェイⅣの初期航空機操作試験を完了した。また，ロッキード・マーチンのF-35テスト・パイロットであるビリー・フリンとイギリス空軍のアンディ・エジェル少佐が，兵器の分離試験に先駆けて9回の飛行を終えた。（©ロッキード・マーチン）

距離滑走着艦（SRVL）を行う技術は複雑だが魅力的だ」。

F-35Bの「クイーン・エリザベス」初着陸について聞かれたウィルソンは，垂直着陸になると答えている。「最初に垂直着陸を避けるのは意外でも何でもない。これまで，この種の作業を数多くこなしてきた。アメリカ海兵隊の強襲揚陸艦と同じように『クイーン・エリザベス』でもすればいい。航空機が艦の周囲でどのように動作するかはわかっている。シミュレーターで示されたモデルのとおりに事態が進行すると確信している。

システムの自動化により，F-35では何段階かに分けて推力の飛行制御を強化できる。パイロットは基本的に自分が望む強化レベルを発動する。そのため，各イベントのテスト・ポイントはかなり重要な基盤になっている。通常，初めて艦に向かうときは最低限の荷重で始めることになる。まだ，この時点では『クイーン・エリザベス』に回線を接続できない。F-35にその能力はあるが，この艦にはまだGPSをもとにした統合精密進入着陸装置（JPALS）が搭載されていないからだ。だが，航空機はシステムによって空母からのデータを解析し，速度を決定できる。統合精密進入着陸装置がなくても最終的にF-35の自動着陸機能を実行

するから，パイロットはボタンを押すだけだ。

短距離滑走着艦をするために，甲板のセンターラインを降下する。この作業のひな型は非常に優れているが，実際の艦でこそ学べることもあるだろう。主な課題は，物理的に飛行甲板上で安全に停止することだ。操縦性，甲板上の摩擦，視覚的な着陸補助装置，ヘルメット・マウント・ディスプレイ（HMD）の性能がすべてだ」。

以前はベッドフォード・アレイと呼ばれた短距離滑走着艦基準システムは，甲板上に設置された視覚補助装置で，パイロットはヘルメット・マウント・ディスプレイの記号とそれを合わる必要がある。ウィルソンはこれを合わせるのには「手際を要する」と言う。

短距離滑走着艦のモデリングを実証するのは，最初に着艦するときの焦点ではないが，ウィルソンはもし条件が整えば早期にそれを見る機会があるかもしれないと言う。さらに，スキージャンプを使った発艦も毎回行うだろう。F-35はスキージャンプによく合っているとウィルソンは言う。「パイロットにとっては非常に操縦が簡単だ」。

ピーターズがさらに詳しく説明してくれた。「甲板上の風がかなり弱く艦の動きが安定しているときに，航空機と艦をフライト・エンベロープの中心にして操作を始める。しかし，2019年に第三段階の試験が完了する頃には，甲板上に時速50ノット（26m/s）の大きな横風が吹き，艦がピッチングやローリングを起こす風浪階級6以内で飛行しているだろう」。

9月最初の乗艦では，イギリスの初期運用能力宣言を可能にするのに十分な着陸許可を出せるように計画している。第二段階で“初期の艦隊

2017年6月，空母「クイーン･エリザベス」が，最終組み立てを行ったスコットランドのロサイス造船所を出港した直後の晴れやかな空撮写真。（Crown Copyright）

「クイーン・エリザベス」で行われた最初の試験。F-35Bが垂直着陸するために，甲板の横に機体を寄せている。（©ロッキード・マーチン／アンディ・ウルフ）

着艦許可”を行い，第三段階では“完全能力”への道を開くことが期待されている。

「何年も前から取り組んできたことだ」とピーターズは総括する。「ウォートンのシミュレーターは艦と完全に一体化しており，パイロットや着艦信号士官（LSO）の訓練や中核となる予測作業で大きな役割を果たしている。『クイーン・エリザベス』とイギリス製兵器の作業は，システム開発・実証試験を基準にして積み上げることにすべてを集中している。イギリスにとっていまや，新たな海洋能力と戦闘能力の拡大がすべてだ」。

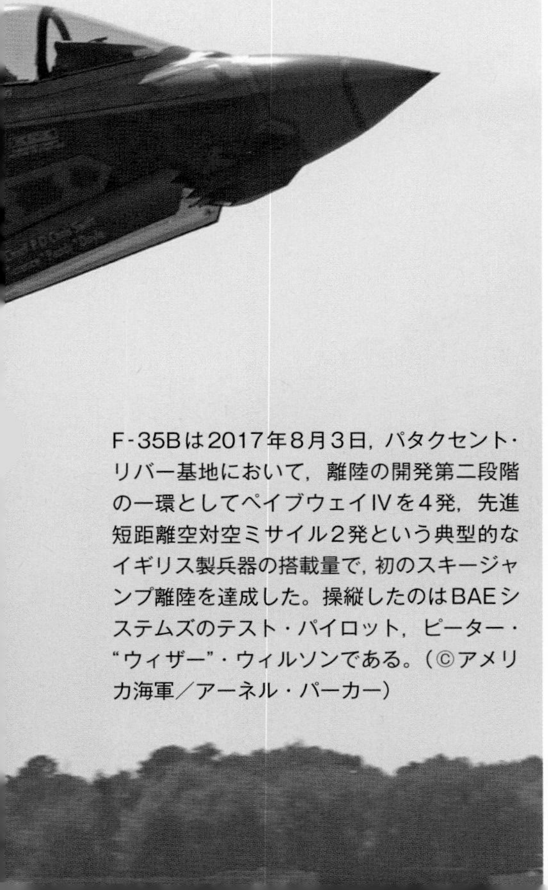

F-35Bは2017年8月3日，パタクセント・リバー基地において，離陸の開発第二段階の一環としてペイブウェイⅣを4発，先進短距離空対空ミサイル2発という典型的なイギリス製兵器の搭載量で，初のスキージャンプ離陸を達成した。操縦したのはBAEシステムズのテスト・パイロット，ピーター・“ウィザー”・ウィルソンである。（©アメリカ海軍／アーネル・パーカー）

空母「クイーン・エリザベス」で行われる第一級飛行試験（FOCFT）では，最初に統合試験部隊のF-35Bペアが空母に搭載される。（Crown Copyright）

第3章 イギリスのライトニング部隊

“ダムバスターズ”の帰還

2018年6月6日，ノーフォークのイギリス空軍マーハム基地に第617飛行隊“ダムバスターズ”が初号機を帰還させ，イギリスのライトニング計画が大きく前進した。

第617飛行隊最初のF-35B（ZM145，146，147，148）4機が，コールサイン“Rafair 9511-14”で大西洋を横断飛行した。（Crown Copyright／ティム・ローレンス伍長）

「F-35ライトニングはステルス技術を始めとする世界最高水準の技術により，イギリスの空軍と海軍にまったく新しいレベルの能力をもたらした」空軍参謀長サー・スティーブン・ヒリアー

下：ジョン・ブッチャー中佐は，イギリスへの輸送中に空中給油機「ボイジャー」から燃料を受け取った。（Crown Copyright ／ニコラス・イーガン１等航空兵）

「すばらしい一日だった。F-35をお披露目する絶好の機会だ」と，ジョン・“ブッチ”・ブッチャー中佐はイギリスにとって最初のライトニング4機を新居に導いたのち，マーハム空軍基地で記者団の取材に応じて微笑んだ。ブッチャーは，2018年初めにアメリカで再編成された第617飛行隊“ダムバスターズ”*の新しい指揮官である。「おそらく，これまでのイギリス空軍のキャリアで最高の瞬間だ」と彼は，サウスカロライナ州ビューフォート海兵隊航空基地からイギリスまで4,000マイル（6,437km），8時間半の大西洋横断について語った。「天候にも恵まれた。2時間ほど雲のなかを飛んでいたが，集中しているときもあれば少しリラックスしているときもあった。4機は何の問題もなく，私たちは9回の給油を行った。マーハムの上空まで4機を先導し，最初に燦然《さんぜん》と直陸した。航空機が戻ってきたので，安全に運用できるか確認し，初期運用能力に到達するための演習や任務のリハーサルを行うことになる。私たちは初期運用能力に向けて順調に進んでいる」。

＊ 1955年公開のイギリス映画の題名（邦題「暁の出撃」）にちなんだ部隊名。映画は第二次大戦中にドイツのダムを大型爆弾で破壊するという，困難な任務に立ち向かったイギリス空軍特別爆撃隊の活躍を描いている。

イギリスに到着した最初のF-35を，空軍と海軍の技術員が出迎える。航空機はブロック3FP6.2のソフトウエア構成でマーハム空軍基地に着陸した。（©ジェイミー・ハンター）

空軍参謀長サー・スティーブン・ヒリアーは言う。「イギリス空軍創立100周年の今年（2018年），歴史上最も先進的でダイナミックな戦闘機が今日マーハム空軍基地に到着したのはすばらしいことだ。そして，現代の“ダムバスターズ”がコックピットにいて，この帰還はまさにイギリスの航空戦力の歴史的瞬間のように感じられる。F-35ライトニングはステルス技術を始めとする世界最高水準の技術により，イギリスの空軍と海軍にまったく新しいレベルの能力をもたらした」。

また，飛行について，ヒリアーは次のように述べている。「単座の戦闘機に8時間半も乗っているとかなり疲れるが，これだけの時間を飛行できるのは，パイロットと技術者の腕前がかなり高いことを証明している。また，世界に目を向けると，必要な場所に必要なだけ軍事力を展開し，迅速に実行する能力を示している。だからこそ，この成果に感動するのだ」。

イギリスの関わり

イギリスはF-35計画におけるアメリカ以外で唯一の一次請負パートナーとして，業界と運用の両面から

アメリカからマーハムに到着したライトニングⅡの第一陣。アダム・ホッグ中佐のF-35が走行する。（©ジェイミー・ハンター）

強力に関与してきた。イギリスの第一次調達にF-35Bを採用したことで，イギリスの軍事産業とライトニング部隊はF-35開発の最先端をいくために努力を重ねてきた。実際イギリスは，とりわけSTOVLの技術については，その先駆けだった。イギリスのテスト・パイロットであるサイモン・ハーグリーブスとジャスティン・ペインズは，ライバルであるボーイングのX-32との性能比較でロッキード・マーチンのX-35を操縦した。その後，BAEシステムズのテスト・パイロット，グラハム・トムリンソンは2008年5月28日にF-35A AA-1を操縦し，F-35を操縦した4人目のパイロットとなった。トムリンソンは，同年6月11日のF-35B初号機の初飛行でも操縦桿を握った。また，BAEシステムズのテスト・パイロット，ピーター・“ウィザー”・ウィルソンは，システム開発・実証試験計画に深く関わっていた。

ヒュー・ニコルズ少佐は，テスト・パイロットや運用試験のパイロット以外で初めてF-35Bの操縦訓練を受けた。彼はビューフォート海兵隊航空基地の第501海兵戦闘訓練飛行隊“ウォーローズ”の交換将校で，現在はF-35Bの教官パイロット（IP）を務めている。

「私は2013年9月にエグリン基地に到着し，地上講義コースに入った。約6週間の講義と16回ほどのシミュレーターを体験した。講義内容はコックピット内でのタッチパネルの操作方法から，ステルス戦術や航空機の運用に関する機密事項まで多岐にわたる。飛行シミュレーターをすべて試し，地上にいながらF-35を操作するというすばらしい練習の機会だったので，最後に航空機を操縦するというプレッシャーはない。初めての単独飛行は少し怖いが，とても胸がおどる。とはいえ，これは訓練の成果を証明するものだ」。

元ハリアーのパイロットとして経験を積んだニコルズは，“ウォーローズ”の名誉ある地位に抜擢された。「私は編隊飛行と計器飛行，そして空対空と空対地の要素を含む10時間の授業要目で飛んだ。パイロットは授業要目の最後で互いに装置をチェックし，シミュレーターで計器点検と海軍航空訓練・統一操作手順（NATOPS）の点検を行うが，これに合格するとF-35Bのパイロットとして正式に認定される。私が完全に統合された機種転換飛行隊（FRS，アメリカ海軍の訓練部隊）に加わるためには教官に昇格しなけ

ジョン・ブッチャー中佐（右）とアダム・ホグ少佐。（©ジェイミー・ハンター）

ればならないので，第501海兵戦闘訓練飛行隊に残った。

イギリスは初期幹部のパイロット全員に，ビューフォート基地の第501海兵戦闘訓練飛行隊コースを受講させていた。だが，来年（2019年）の夏からは，第207飛行隊の運用転換部隊がその役割を担うことになっている」。

部隊を築く

イギリスのライトニング部隊はアメリカで部隊を築いて人員を訓練してきたが，独自の運用を確立するため本国に戻る者を分け始めた。

ライトニング部隊の司令官デイビッド・ブラッドショー代将は，次のように述べている。「ビューフォートの第501海兵戦闘訓練飛行隊におけるF-35世代は，アメリカ海兵隊，イギリス空軍，イギリス海軍，およ

マーハム空軍基地司令官のイアン・“キャブ”・タウンゼンド大佐。（©ジェイミー・ハンター）

プロジェクト・アンビル

F-35のために，マーハムでは「プロジェクト・アンビル」のもとで基地の改造が行われた。アン・ギブソン大佐はライトニング基地チームのリーダーだ。彼女はこう言う。「新しい第617飛行隊の敷地は，今年の後半には準備が整う予定だ。まだかなり作業が残っているが，ほぼ順調に進んでいる」。

第一陣は南側の新しい運用区域が完成するまで，飛行場の北側で運用される。「整備・最終仕上げ施設は8月初旬から稼働し，ライトニング運用センターは2月に女王陛下によって開所された。統合訓練センター（ITC）も順調に進んでおり，夏には完成する予定だ」と続けた。

デイビッド・ブラッドショー代将は，「私たちの意図は今すぐにすべて準備するのではなく，F-35の運用を維持するのに十分なものを用意することだった。導入計画では今後6カ月以上，来年にかけて施設を作動させる。南北の滑走路では先週，試運転が行われたばかりだ」。

機種転換部隊の建物は，2019年夏にマーハムへ飛行隊が到着するのに向けて準備される。ライトニング部隊の副司令官アダム・クリンク中佐によると，第617飛行隊は施設が完成したら南側に移動するという。

「飛行隊は改装された硬化型航空機シェルター（HAS）や環境シェルターで運用する。運用転換部隊は，監視のためにしっかり見渡せるように直列で運用する。軍の成長に伴いマーハムをさらに発展させ，より多くの飛行隊を配置する方法を検討していく」。

び請負業者が奮闘する大規模なチームだった。私たちは航空機や人員の準備に力を注いでいる」。

第617飛行隊の初代F-35をイギリスに輸送するのに，ボイジャーKC2/3給油機を3機とA400MアトラスC1輸送機が使用された。「1機のボイジャーが東海岸でF-35と合流し，約4分の1の距離を移動したのち，さらに2機のボイジャーが引き継ぎ，イギリスまで運んだ」と，ブラッドショーは説明する。マーハム基地の第617飛行隊のF-35Bは，8月までに9機に増え，年末までに初期運用能力を宣言する準備が整う。「これは基地，地域，空軍，海軍にとって，私たちが部隊に移行する計画のうえで非常に刺激的な通過点だ」。

ブラッドショーによると初期運用能力を宣言するまで計画を練るのにとても時間がかかったが，着実に取り組んでいると語る。そして，「這《は》ってでも歩いてでも走ってでも，というアプローチになる。私たちはアメリカで機体を飛ばしているから，ある程度理解している。だが，今後数年間はゆるやかな立ち上がりになるだろう。スーパー飛行隊としての“ダムバスターズ”が適切な規模になったら，第809海軍航空隊が二番目の運用部隊となるよう二つに分かれて，2023年末の完全な戦力化に向け，時間をかけて成長し続けるだろう」と述べている。ライトニング部隊副司令官のアダム・クリンク海軍大佐によると，現在イギリスにはビューフォートの訓練コースに4人の新人第一世代パイロットがおり，今年中に第617飛行隊に加わる予定だという。「新しい血を絶え間なく注ぎ続ける」と，彼はつけ加えた。

ジム・ベック大佐はカリフォルニア州エドワーズ空軍基地のライトニングII運用評価部隊である第17試験評価飛行隊，通称“ブラック・ナイト”を指揮したのちに，イギリスでF-35計画の指導者に就任した。「最前線では12月に初期運用能力を宣言する。2015年に私たちが主導する管轄でF-35を初めて飛ばし，3年間F-35を運用した。アメリカでの使用を経て，今では非常に成熟した戦術マニュアルがある。それによって私たちはこの航空機での戦い方に精通し，その能力を最大限に引き出す」。

最初のうち，“ダムバスターズ”のF-35Bはマーハム基地においてクリーン構成*で運用されることが期待されている。8月18日からは初期運用能力の作業が始まり，兵器の携行やイギリスのほかの軍用機と一緒に活動する“コブラ・ウォリアー”演習への参加が予定されている。その後，初期運用能力に向けた追い込みとして，能力を実証するための“実戦訓練期間”を経て，ライトニング部隊の地上配備の準備が整ったと宣言される。

* 抗力を最小限に抑えて，特定の出力設定で対気速度を最大化するために外部機器が格納されている状態。具体的にはフラップや着陸装置を引き込み，スラット，スポイラー，前縁フラップなどを格納し，リフトまたは上昇が不要な高度で通常の巡航に使用される。

複雑な獣

もちろん，ただ飛ぶのではない。F-35を維持し，計画のいろいろと複雑な要素を明確にして，航空機の潜在能力を十分に発揮する。防衛装備品と支援は，軍とロッキード・マーチン，BAEシステムズ，プラット&ホイットニー，ロールス・ロイスの請負業者により“全部隊”にもたらされる。ロッキード・マーチンUKの最高経営責任者ピーター・ラドックは，次のようにコメントしている。

「イギリスはF-35計画の初期段階から主要パートナーとして，航空機の設計・開発，特に短距離離陸・垂直着陸能力の向上に大きく貢献してきた。この計画のサプライチェーンには500社以上のイギリス企業が参加しており，産業界にも大きな恩恵をもたらしている。

この計画では3,000機以上のF-35のうち，価格にして約15%はイギリスでの製造が予定されている。現在までに，イギリスの発注先には約130億ドルの契約がもたらされている」。

イギリスの領空に到着したジョン・ブッチャー中佐率いる“ダムバスターズ”のF-35Bが，4機でV字隊形を組み飛行する。（Crown Copyright ／ティム・ローレンス伍長）

ボイジャーKC2 ZZ335が，アメリカから到着したF-35Bを率いてイギリス上空を飛行する。（Crown Copyright ／ティム・ローレンス伍長）

「そして，初期運用能力に到達するための演習や任務のリハーサルを行うことになる。私たちは初期運用能力に向けて順調に進んでいる」第617飛行隊指揮官ジョン・ブッチャー中佐

ボイジャーから撮影したF-35B“ダムバスターズ”の2機。（Crown Copyright ／ニコラス・イーガン1等航空兵）

マーハム基地の上空に到着したF-35B。（©ジェイミー・ハンター）

低観測性や最も重要な整備はマーハム基地で行われるが，イギリスで行われる兵站レベルの作業についてはすでに「対処している」という。F-35統合計画部（JPO）は，イタリアのカーメリにある最終組立・検査施設（FACO）を機体の整備に指名した。一方，トルコはプラット＆ホイットニーF135エンジンをライセンス生産する承認を得ており，ヨーロッパ初のエンジン補給・修理施設にも選ばれている。

ライトニング部隊は夏の終わりまでにマーハム基地で9機のF-35Bを運用することが期待されている。(Crown Copyright／アンドリュー・リネット)

イギリスのF-35はマーハム基地の北側にある分散地の駐機整備区域から飛行するが，2018年後半には専用の施設に移動する。(Crown Copyright／アンドリュー・リネット)

ジョン・ブッチャー中佐が同僚とともに，第3世代のヘルメット・マウント・ディスプレイを装着してマーハム基地に到着した。(©ジェイミー・ハンター)

全４機のF-35Bが駐機整備区域でリフト・ファン・システムを回す。(©ジェイミー・ハンター)

アダム・ホグ少佐が機器をシャットダウンしてキャノピーを開くと，技術員が機体の整備を始める。（©ジェイミー・ハンター）

海軍の動き

「初めて艦艇から航空機が運用されて以来，イギリス海軍は海洋航空の最先端にある。今日，空軍と艦隊航空部隊のパイロットが飛ばすF-35がイギリスに到着したことは，空母の運用分野でリーダーの地位を回復するためにいっそう重要な第一歩となる」と，第一海軍卿（海軍本部委員会のメンバーで制服組のトップ）サー・フィリップ・ジョーンズ大将は述べた。「新型空母『クイーン・エリザベス』と姉妹艦『プリンス・オブ・ウェールズ』を組み合わせれば，このすばらしい航空機は地球規模で展開するわが遠征軍の中核となり，国家安全保障の確保に必要な通常兵器の強力な抑止力になる。

秋には空母『クイーン・エリザベス』でF-35Bによる第一級の海上試験が計画されており，第17試験評価飛行隊が2019年秋に空母での運用試験に参加することが予定される

F-35BがSTOVLモードで，マーハム基地の新しく整備された滑走路にゆっくりと着陸した。（Crown Copyright／ニック・ハウ軍曹）

F-35Bがイギリスに来たのは初めてではない。2016年夏に各種の航空ショーに3機が参加したほか，マーハム空軍基地のトーネードGR4とともにこのイベントを含む儀礼飛行も行った。（Crown Copyright／ポール・オールドフィールド伍長）

など，イギリスは2021年にアメリカ海兵隊と行う共同配備に向けて前進している」。

ポール・ゴッドフリー代将は，空母の戦力投射有効化（CEPP）*チームの責任者だ。このチームの任務は新型空母2隻がさまざまな計画と連携し，適切な能力を備えて，イギリスがこの感動的な新しい航空戦力の手段を完全なものとすることだ。これには空母自体はもちろん，海洋ヘリコプターに搭載された新しい航空早期警戒システム「クラウズネスト」，それにF-35も当然含まれる。本誌の取材に対してゴッドフリー代将は，「チームは軍を超えてすべてのピースを確実に組み合わせている。空母に着艦すればいいわけではない。実際のところ，悪魔は細部に宿る（細部が肝心だ）。たとえば，『クイーン・エリザベス』に配備された空軍の管理部員には，海軍の消防訓練が必要になるかもしれない」と語った。

ゴッドフリー代将は，高度に専門化されたピースからなる複雑なパズルを統括している。大規模な取り組

ロイヤル・インターナショナル・エア・タトゥー2016でレッドアローズに先導され，儀礼飛行の準備中のヒュー・ニコルズ少佐が操縦するイギリスのF-35Bと2機の第1（戦闘）飛行隊の

*「戦力投射（Power Projection）」は軍事力を準備・輸送・展開し，作戦を遂行す

2016年7月1日，ロサイスを訪れた２機のF-35Bが造船所と空母「クイーン・エリザベス」上空を飛行した。（Crown Copyright）

みとして空母打撃群2021があり，空軍と海軍，それにアメリカ海兵隊を結集した初の海上作戦が展開される。「『クイーン・エリザベス』は，F-35を運用するために特別に設計された唯一の船だ。アメリカ海兵隊が彼らの強襲揚陸艦『エセックス』や『アメリカ』にF-35Bを配備したことで，私たちは多くのことを学んだ。そして，ともに訓練や資質，配備を確かなものにするため，より細かい部分を練り上げている」と，彼は説明する。

ゴッドフリーは共同配備に先立ち，2020年末にイギリスのライトニング部隊とアメリカ海兵隊が協同して航空団をつくり上げることを期待していると言う。イギリスは1978年以来，大型の飛行甲板をもつ空母を運用していない。しかし，STOVLのF-35Bには，統合部隊のハリアーから結集した知識を活用している。「F-35は運用が簡単だ。ハリアーでは油断がならなかった」と言い，「アメリカ海軍の“キャッツ＆トラップ”*は，“いままでとはまったく異なる状況”だ」と説明する。また，空母の周囲でF-35が行う作業は，その多くがシミュレーターで効果的にリハーサルできる。「空母には4台のフル・ミッション・シミュレーターが搭載されており，4人のパイロットが統合的な環境でともに訓練することが可能だ。資格面をチェックでき，過去の配備で見られた技能の低下を軽減できる」。

最終的にイギリスは2隻の空母に，今後50年にわたる運用を期待している。その行程には多くの要素があり，2021年の配備は第一段階にすぎない。F-35Bは，“帰還”を確かなものにするために，ローリングする艦上での垂直着陸を行うまでになる。航空機は“ナイト・ワン”と呼ばれるステルス性の高い形状で空母から飛び立ち，翌日には近距離航空支援（CAS）でパイロンや外部兵装を身につける。

給油機の根本的な使い方については，まだ話がある。だが，F-35Bを空母に載せて運用する手順は，従来の“キャッツ＆トラップ”を操作するよりもはるかに予測しやすいし，いうまでもなく空母の上空にいるなら燃料を補給する必要はない。空母からの発進を別の面で見ると，V-22オスプレイを調達する可能性が頭をよぎる。しかしながら，公式にはイギリスにその計画はない。2017年4月の書面による回答で，当時の国防省政務次官ハリエット・ボールドウィン代議士は次のように述べている。「国防省では現在，軍用ヘリをベースにした海洋戦域内輸送（MITL）計画を進めている。2020年の『戦略防衛・安全保障見直し』では，中長期的な海洋戦域内輸送の解決に向けて防衛上の要求を検討する」。

イギリスの運用試験

第17試験評価飛行隊は，イギリスのF-35運用評価部隊としてエドワーズ空軍基地で2014年に立ち上げられ，現在はF-35統合運用試験チームに組み込まれている。それには3機のF-35Bが装備されている。通称“オレンジ・ワイヤード”試験機である。おそらく今後もアメリカにとどまり，試験に従事する。

指揮官はイアン・ティドボール中佐だ。この人事は，イギリスのライ

＊ イギリスが導入を検討している空母のシステムの名称。航空機を空母から射出する電磁カタパルトおよび回収用アレスティング・ワイヤー・システムで，無人機（UAV）を使って早期警戒および空中給油に運用し，F-35Bの負担軽減や戦備重量の増加が期待されている。

イギリスは2023年までに，F-35Bの2個飛行隊を保有するとともにその運用を目標としている。その時点で，第617飛行隊と第809海軍航空隊に約24機のF-35Bが配備される。（Crown Copyright）

トニング部隊が真にアメリカと協同して取り組んでいることを反映している。「イギリス空軍の飛行隊指揮官に選ばれたのは本当に名誉なことだ。これは，イギリスのライトニング部隊が本当の意味で統合組織であることを示している」と，彼はエドワーズ基地のオフィスで本誌に語った。

“ブラック・ナイト”は初期の問題点を明らかにするために，3機の使用時間を延ばしたいと考えている。とはいえ，統合運用試験チームへの参加でアメリカの空軍，海兵隊，海軍，さらにオランダ空軍のデータを共有できるメリットがある。ティドボール中佐は計画の性質上，経験やデータの共有は大きなメリットだと言う。統合運用試験チームの各飛行隊は航空機を共同管理しているわけではないが，知見を共有し，定期的に共同飛行している。「連携が不可欠だ。大抵はある程度の分野で特殊なものがあり個別に検討するが，活動の90％は私たちが全面的に関わっている。また，エドワーズ基地にある統合試験部隊の開発試験チームとも連携している」と，ティドボール中佐は語る。

ティドボール中佐は言う。「この飛行隊はイギリスの“任務効果試験”に関わっている。私たちが微調整をし，いくぶんは成長する痛みもあるが，最終的にF-35はとても先進的で，非常に堅実な性能を発揮するだろう。F-35はかなりソフトウエア主導のプラットフォームなので，航空機が脅威に先んじて行動するのを容易にしてくれる。そのために，アメリカと歩調を合わせていく」。

「“ブラック・ナイト”にとって，当面の焦点は兵器試験だ。イギリス独自の兵器開発試験は統合試験部隊で完了しており，運用試験がひかえている。兵器の評価は段階的に行っている。現在，飛行隊は地上試験を行い，内装および外装兵器を搭載するため，書類の検証を行っている」と，ティドボール中佐は説明する。

ブロック3Fのソフトウエアが登場して，F-35は初めて兵器を外部に搭載できるようになった。イギリスの初期搭載オプションでは，AIM-132先進短距離空対空ミサイルを2発，AIM-120先進中距離空対空ミサイルを2発，さらに最大6発のペイブウェイ IV（内部に2発，翼下に最大4発）を搭載する予定だ。訓練の必要上，翼に吊下《ちょうか》した先進空対空ミサイルを頻繁に目にするだろうが，ティドボールは警告する。

「パイロンをぶら下げていれば，それだけステルス性が低下する。脅威が高まれば，すべて内部に搭載したくなるだろう。一方，環境が許せば，外装も可能だ」。

F-35にとって真の汎用能力を強調したうえで，彼は次のように述べている。「ホタス（HOTAS）*のスイッチを押すだけで，文字どおり空対地から空対空の任務に移行できる。今日の飛行では，電子光学照準システム（EOTS）の標的相殺誤差を調べる試験をした。私はズーム・モード，追跡モード，そして使用する兵器の適切な座標を広げるのにベストな射程を調べてみた。R-2508の空域は混雑しているので，ディスプレイには標的エリアを見るための画面を一つと，往来を考慮して周囲60マイル（97km）を見るための地図を別に用意した。私はターゲット・ボックスから視線を外したらすぐにヘルメットで交通指示を見て，衝突の可能性を確認する。標的を追っている最中も，F-35が突然現れる脅威を監視しているので，標的の追求をやめてその脅威に対処するか，継続するか，迅速に戦術的な判断ができ，とても安心していられる」。

* Hands On Throttle And Stick（HOTAS）。操縦桿とスロットルレバーに各種スイッチを配置し，手を離さずに操作できるようにした軍用機の設計思想。

2018年後半に行われる第一級飛行試験は，F-35Bと新造「クイーン・エリザベス」級空母の統合開始のために行われる。（Crown Copyright）

第17試験評価飛行隊の指揮官として，ジム・ベック中佐（現在は大佐）がイギリスのF-35B（BK-02）を操縦する。（©ジェイミー・ハンター）

初期運用試験評価と空母の焦点

この飛行隊にとって，F-35の正式な初期運用試験・評価の開始は大きな出来事だ。これは開発試験チームによるブロック3の認可が遅れたために，エドワーズ基地の統合運用試験チーム全体で18カ月かけて行われる。

“ブラック・ナイト”にとっては，そのなかで重要な役割を果たすとともに，イギリス独自の試験要素に対処しなければならない。「私たちは事前に任務を知らされていないが，ホワイト・フォースが試験の目的を達成するようにリハーサルを手伝い，航空機へ最大限の負荷を与えるための計画を練ることができる。最終的に，実戦の代わりになるようにしている」。

ティドボール中佐は最近までアメリカ海軍第9試験評価飛行隊“バンパイア”に所属し，スーパーホーネットを操縦していた。彼はF-35を「スーパーホーネットのさらに一歩先を行っている」と言う。

「F-35が驚異的なのは，任務に関するシステムやセンサー融合の情報を一つの画面に表示させるところだ。任務に応じて必要なデータを作成し，センサーの動作を調整する必要がある（それが私たちの務めだ）。レーダー，電子光学照準システム，赤外線捜索追尾システムをどのように使用するかに重点を置いている」と，ティドボール中佐は言う。

イギリスにとって当面の目標は，2023年に24機のF-35攻撃部隊を空母「クイーン・エリザベス」に搭載して出航させることだ。その第一歩が第一級飛行試験である。ティドボール中佐は，2016年10月の開発試験ⅢにおけるF-35Bの試験でアメリカ海兵隊とともに海へ出た。それはイギリス以外の運用試験飛行隊，特にアメリカ海兵隊との関係がいかに密接であるかを示す素晴らしい指標となった。「私は第1海兵実用試験飛行隊で昼間に空母で活動する資格を得た」と語る。

また，F-35Bの着艦信号士官の資格も海兵隊で取得した。最初の空母試験では，慎重に計画された特定の試験期間中にF-35Bによる着艦の形態すべてと，回収重量，飛行甲板の条件を変えて運用された。その後に2回，運用試験のための乗艦（OT-1および2）が行われる。そこでは，第17試験評価飛行隊が中心的な役割を果たす。「それまでに着

第17飛行隊の記章。1915年にイギリス陸軍航空隊として設立された第17飛行隊は，2013年4月の解隊と同時にアメリカのエドワーズ空軍基地で空軍と海軍共同のF-35B試験評価飛行隊に再編され，翌2015年にはイギリス空軍初のライトニングⅡ運用部隊となった。

こちらは第17試験評価飛行隊“ブラック・ナイト”の記章。

陸の許可を得られるようにして，4機体制での発艦方法や任務のサポート，兵器の搭載などを検討していく」と説明する。元シー・ハリアーのパイロットであるティドボールは空母で航空機を運用する複雑さを理解しており，F-35Bを以前と比較するのにも適任だ。

「エドワーズでは垂直着陸が可能だが，基地は標高2,300フィート（701m）にあり，しかも通常はとても暑いため，特に兵器ベイに1,000ポンド（454kg）の兵装ポッドを搭載している場合は機体の性能に影響が出る。通常，STOVLの作業はユマ海兵隊航空基地（アリゾナ州）にいくが，空母では性能上の問題はないと考えている。シミュレーターの性能がよいため，定期的に実際の飛行でSTOVL作業を行う必要は感じない。ハリアーに乗っている頃は連日連夜だった。この航空機は本当にパイロットの世話を焼いてくれて，その気になればホバー中はもちろん艦の舷側にいても操縦桿から手を離せる。それは頼りになるものだ。艦に近づくようにパイロットが指示すると，自動的に減速する。ボタンを押すだけで，航空機が艦の舷側に占《せん》位《い》してくれる。夜間に艦からシー・ハリアーを飛ばしているときには，常に船に戻って着陸しなければならないという現実が頭にあった。任務中は頭のなかはそれでいっぱいになる。今は手順に沿ってさえいれば航空機が面倒をみて手助けしてくれるので，まったく心配がない」。

エドワーズ空軍基地の第17試験評価飛行隊指揮官，イアン・ティドボール中佐。（©ジェイミー・ハンター）

ティドボール中佐は，飛行甲板上のスキージャンプについて次のように述べている。「パックス・リバーで評価できるのは，列に並んで発進することだけだ。飛行機はスキージャンプのランプを上昇しているのを検知すると，適切に飛行制御を行う。片手でスロットルを操作し，もう一方の手で操縦桿を保つ。航空機が最適な上昇角度でSTOVLモードにするから，安心して加速し，入力を制御し始められる」。

今後の予定

F-35で実際に飛行する話はさておき，統合部隊が日常の運用で大きな役割を果たすのは間違いない。実際，その高度な機能により，セキュリティ上の配慮からシミュレーターの安全な環境でのみ実施される訓練もある。「屋外では使いたくない機能もある。また，脅威の密度を高めたい任務などではシミュレーターがとても優れており，実際に戦術の開発や検証を行っている。航空機には訓練モードが組み込まれているが，シミュレーターでやらなければならないこともたくさんある。実際の飛行ではイギリスのF-35が近接航空支援や索敵攻撃のような任務をこなし，防衛的な対航空任務も行うことになると思う」と，ティドボールは述べている。そして，こう締めくくった。

「実際の飛行は，自分の弱点や現実世界での飛行能力を評価させるという点で重要だ。私たちは適切にバランスをとろうとしている。現在，イギリスのライトニング部隊には多くの経験豊富なパイロットが所属しているが，第一世代の新人も入ってきている。経験の幅が広いので，新入りが統合部隊に比べてどれだけ実際に飛行する必要があるのかを見るのは興味深い。

F-35には継続的な開発が必然的に求められ，計画の全期間を通じて試験が続けられる。チーム編成から得られるものはとても多く，イギリスがアメリカとの関係を解消するようなことは考えられない。したがって，運用試験評価が完了すれば，統合運用試験チームは解散するだろうが，“ブラック・ナイト”はアメリカに残り，おそらくほかの運用試験部隊と連携していくだろう。

今後の試験のためには，ほかのF-35ユーザーと同じ場所にいることが重要だ。基本的な戦術は皆同じだが，現在作成に携わっているイギリス個別のマニュアルもある。結局のところ，この航空機を賢く効果的に使用し，できるだけ敵に致命傷を与えるとともに，自分の生存性を高める最適な方法を模索している」。

イギリスはエドワーズ空軍基地の統合運用試験チームの一員として，3機のF-35Bを保有している。（©ジェイミー・ハンター）

現在，調達された138機のライトニングのうち，イギリスはF-35Bを48機購入する予定だ。（©ジェイミー・ハンター）

第4章　最新ニュース

今後の展望

システム開発・実証段階が終了し，統合運用試験チームはF-35にとってこれまでで最も厳しい課題である初期運用試験評価に向けて準備をしている。

初期運用試験評価（IOT&E）は，F-35計画の次の大きな節目だ。実用化に向けた作業は開発試験と並行して進められており，初期試験評価が正式な承認を得る前に，修正すべき重要な問題を特定するのに役立っている。これにより，F-35が通常生産に入る準備が整ったが，エドワーズ空軍基地のチームがブロック3の標準機を十分に評価するための開発試験の完了が遅れたため，初期運用試験評価は何度も延期された。エドワーズ基地ではアメリカ，イギリス，オーストラリア，オランダの各チームが，三タイプを含む23機で運用試験を行っている。運用試験評価部長による2017年の年次報告書では，「部隊がブロック3Fの生産を代表する形状の改造を完了するのは2018年8月」までかかるとされている。

2018年6月，アメリカ海軍第9試験評価飛行隊エドワーズ分遣隊のF-35Cと第1海兵実用試験飛行隊（VMX-1）のF-35Bが，初期運用試験評価の準備をしている。（©ジェームズ・デボア）

F-35統合計画部はブロック3の欠陥に対処し，ブロック4の機能強化を段階的に行うために“継続的な能力開発と搬入”に基づく次の開発作業に移行している。

報告書によるとF-35部隊の運用適合性は依然として要求を下回っており，「戦闘条件の期待に応えられず，急場をしのぐ方法」に頼っているという。また，部隊全体の稼働率は50％前後にとどまっており，「新しい航空機が増えているにもかかわらず，2014年10月以降，大きな改

ネリス空軍基地の第422試験評価飛行隊に所属するF-35A。（©ダン・スティジョビッチ）

アメリカの計画

エドワーズ空軍基地の第461飛行試験飛行隊に所属するF-35Aシリアルナンバー07-0744。AIM-9XとGBU-12を外装している。（©クリス・ウッド）

2017年12月，アメリカ空軍はウィスコンシン州とアラバマ州にある以下の空軍州兵施設を，F-35Aの次なる基地として優先的に選定した。ウィスコンシン州の第115戦闘航空団はマディソンの大都市圏にあるデーン郡マディソン地域空港のトゥラックス・フィールド基地，アラバマ州の第187戦闘航空団はトラックス・フィールド基地と，モンゴメリー地域空港のダネリー・フィールド基地を拠点にしている。ライトニングⅡの納入は，マディソンの空軍州兵基地では2023年初頭から始まり，モンゴメリーの基地ではその年末になる予定だ。現在，F-16Cのブロック30バージョンを運用している両部隊は，優先的に基地を建設する候補地として指名され，分析を終えたら最終決定が下される。F-35部隊として適切な空軍州兵の代替としては，アイダホ州ボイシ空港のゴーウェン・フィールド基地，ミシガン州セルフリッジ基地，フロリダ州ジャクソンビル基地が挙げられている。また，テキサス州のフォートワース海軍航空・空軍予備役軍団統合基地も，予備軍団司令部の基地に望ましい場所として選ばれた。

バーモント州のバーリントン空軍州兵基地は，アメリカ本土以外で最初のF-35飛行隊基地として優先されたイギリスのレイクンヒース空軍基地やアラスカのエイエルソン空軍基地と同じく，すでに選ばれている。

アメリカ空軍はF-35Aを改良する計画を進めており，ブロック3F標準を基準に精密誘導爆弾で移動目標を攻撃する能力をもたせるため，レイセオン社にGBU-49強化型ペイブウェイ（精密航空電子誘導装置）を装備する契約を5,970万ドルで結んだ。ブロック3ソフトウエアによる新しい兵器との統合で，非難されていた能力不足を解消した。F-35は電子光学照準システムのレーザー目標指示装置に“レーザー誘導機能”がなく，現在は固定目標や動きの遅い標的の攻撃に限られている。GBU-49のデュアルモード誘導装置は，衛星とレーザー誘導を組み合わせて，500ポンド（227kg）爆弾で移動目標を攻撃できる。また，ポイント・レーザーの指示に基づいて標的の速度と方向を計算し，軌道を調整できる。GBU-49やボーイングのGBU-54レーザー統合直接攻撃弾，レイセオンのGBU-53/B小径爆弾Ⅱなどの先進的なデュアルモード移動標的兵器との統合は，ライトニングⅡのブロック4アップグレードが実施される2022年か，それ以降まで導入の予定はない。

善が見られない状態が続いている」とある。顕著な傾向として，部品交換を待っているために飛行できない部隊の割合が拡大している。先日はアメリ海兵隊の第121海兵戦闘攻撃飛行隊が日本に派遣された際に，サプライチェーンが公然と批判された。また，ヘルメット・ディスプレイやナイトビジョン・カメラ，F-35BやF-35Cに対する空中給油の制限など，航空機の欠陥も指摘されており，それらの問題が未解決の場合は，初期運用試験評価で判定されることになっている。

興味深いことにロッキード・マーチンは6月，次世代型分散開口システム（DAS）の開発にレイセオンを選んだと発表した。ノースロップ・グラマンが開発したAN/AAQ-37電子光学分散開口システム（EODAS）は，パイロットが360°，あらゆる方角の状況を認識するシステムだ。これは航空機やミサイルの接近をパイロットに警告するとともに，昼夜を問わず視界を確保する。しかし，パイロットはこのシステムの限界について率直に口にしており，特に飛行中の重要な局面では使っていない者もいる。

「次世代F-35の分散開口システムのサプライチェーン競争は，大幅なコスト削減，信頼性と性能の向上をもたらした」と，ロッキード・マーチン副社長兼F-35計画の統括マネージャーであるグレッグ・ウルマーは言う。「私たちはF-35の全

F-35の潜在需要

F-35にはさらなる輸出の可能性が十分にある。2010年，カナダ保守党のスティーブン・ハーパー首相（当時）が90億ドルで65機のF-35を購入するとの意向を表明したが，2015年に政権をとったジャスティン・トルドーによってくつがえされた。この時点でロッキード・マーチンは，カナダの請負業者とすでに正式なパートナーとして活動していた。カナダは今後，F-35を含む候補を評価するため，本格的なコンペを行う予定だ。

デンマークはコンペを経てF-35の購入手続きを開始し，2026年までにF-35Aを27機，エンジン，4台のシミュレーター，スペア，サポート機器，改造工事，そして航空機を更新するために163億7400万デンマーク・クローネ（26億2,000万ドル）の予算を要求した。デンマーク空軍にとって最初のF-35は2021年にルーク空軍基地に到着し，共同訓練施設に加わる予定だ。また，ベルギーもF-16AM/BMの後継機としてF-35の購入を2018年に決定し，2023年から34機を調達する予定だ。

フィンランド政府は空軍のF/A-18C/Dホーネットに代わるHX戦闘機計画の入札候補として，F-35を含む選定機種の購入先である4カ国（フランス，スウェーデン，イギリス，アメリカ）に見積依頼書を発行し，入札を依頼した。入札候補はボーイングF/A-18E/Fスーパーホーネット，ダッソー・ラファール，ユーロファイター・タイフーン，サーブ・グリペン，F-35Aで構成されている。フィンランドでは兵器とセンサーを搭載した64機の汎用戦闘機とサポート，訓練システム，スペア・パーツを必要としている。フィンランドは2025年から始まるF/A-18C/Dの退役を前にして，2021年に“遺物”となるホーネットの後継機選定を目指している。

ポーランドはF-16を購入したことがあり，F-35の購入はロッキード・マーチンにとっては興味深い提案だった。ポーランド空軍はSu-22フィッターやMiG-29フルクラムの後継機を必要としており，F-35がその解決策となる可能性がある。2020年1月に正式契約が結ばれ，2024年から2030年にかけて配備が予定されている。スペインは空軍がすでに保有するEF-18ホーネットやユーロファイター・タイフーンに満足しており，無人機の開発も進めているが，海軍はEAV-8Bハリアーの後継機としてF-35Bを唯一の有力候補として検討している。

ドイツ空軍はF-35に意欲を表明しているが，エアバスとユーロファイターがトーネードIDS/ECRの後継機を提供するとドイツ国防省に申し出ている。ドイツ空軍はトーネードを2025年以降に退役させる予定で，ユーロファイターは「EF2000を追加購入すれば，サポート・サービスや訓練のコストを大幅に減らし，1時間あたりの飛行コストも削減できる」と言っている。また，エアバスはユーロファイターがEF2000の後継機となる“次世代のヨーロッパ戦闘機にとって技術的基盤”を提供するとしている。2016年7月，フランスとドイツは，2040年頃に就役が予定される将来の戦闘航空システムの共同開発に合意した（その後，スペインも参加）。

体的なコスト削減を積極的に追求している。これはコストを削減し，兵士に変革をもたらす能力を提供するという，揺るぎない私たちの方針を明確に示すための手始めだ」。

レイセオンの分散開口システムは，2023年から納入が予定されるF-35のロット15に組み込まれる。ウルマーが言うようなコスト削減の前に，新しいシステムを統合するための包括的な（そして高価な）試験を行い，その後，大部分の既存部隊で改造する必要があるだろう。

“グリーン・ナイツ”が展開を完了

第121海兵戦闘攻撃飛行隊“グリーン・ナイツ”では，2018年1月に強襲揚陸艦「ワスプ」（LHD-1）の飛行甲板から出発した6機のF-35Bがアメリカ海兵隊岩国航空基地に到着し，F-35Bにとって初の実戦配備を完了した。2018年初め，第31海兵遠征隊（MEU）とともにインド太平洋地域で約2カ月間の作戦を行った6機は3月上旬に「ワスプ」へ帰還し，同艦は4月26日，佐世保に帰港した。

4月13日，強襲揚陸艦「ワスプ」への着艦態勢に入る第121海兵戦闘攻撃飛行隊のF-35B。（©アメリカ海兵隊／エイミー・ファン上等兵）

2018年6月，任務中にF-35の内部兵器ベイを見せるアメリカ海軍第9試験評価飛行隊のF-35C。（©ジェームズ・デボア）

第388戦闘航空団に納入された300機目のライトニングⅡ，F-35Aシリアルナンバー 15-5175号機。（©ロッキード・マーチン）

オランダ初のF-35がカーメリに

イタリアのカーメリで，オランダ王立空軍向けにF-35A初号機の製造が始まった。2018年7月15日には，オランダのバーバラ・ヴィッセル国防長官がAN-9の機体に，この節目を象徴するサインをした。これにより，カーメリの最終組立・検査施設で，イタリア軍用以外のF-35製造に正式なゴーサインが出された。同機は2019年末にオランダに到着する予定だ。オランダ空軍最初の2機（09-5008/AN-01，10-5019/AN-02）はアメリカで製造され，現在も試験評価のために飛行している。オランダでは合計37機の調達が計画されている。

カーメリでは，29機のオランダ空軍用ライトニングⅡが製造される予定だ。残りの8機は，フォート・ワースにあるロッキード・マーチンの生産ラインから出荷される。

最前線に立つオランダのF-35は，レーワルデン空軍基地に配備される。オランダ空軍は現在，自動兵站情報システム（ALIS）の設備を整えるなど，新型戦闘機を導入するために必要な準備を進めている。

オランダでは，フォルケル航空基地に自動兵站情報システムの設置がほぼ完了している。フォルケル基地では，アメリカや自国に駐留するオランダ軍のF-35に対して整備面で支援できるようになる。

第5章　F-35A就役

ステルス空軍

アメリカ空軍は，ライトニングⅡの最大の運用者となる。
そしてF-35Aの初期運用能力を宣言し，
世界各地に配備している。

F-35Aの教官による訓練は，最初にエグリンとルークの両空軍基地で行われた。（©アメリカ空軍／サミュエル・キング）

ライトニングⅡ計画では開発と生産に関する従来の規則を変更し，作業の手順を“並行”して進めた。その結果，2018年4月にシステム開発・実証試験段階が完了するよりも早く，数百機のライトニングⅡが運用されていた。初期ロットの機体は更新によって不具合を修正するので，より生産を強化できるようになり，理論的にはスケールメリット*によってコストダウンが可能になる。また，エンドユーザーが新型戦闘機をより早く使いこなせるので，就役して10年以上経たないと気づかないような欠陥を事前に発見できる。

ロッキード・マーチンは，2019年までにF-35Aの単価を8,500万ドル以下にするつもりだという。2018年にライトニングⅡの統合計画部部長であるマット・ウィンター中将は，最後まで維持費の削減は処置すべき対象の上位にあると語っている。最近の報告書によると，F-35は運用コストが高いので，アメリカ空軍としては今後10年でコスト削減の方法が見つからなければ，2038年までに購入を目指している1,763機のF-35Aの一部はキャンセルせざるを得なくなる可能性があるという。

F-35の価格交渉では，これまで単価とロッキード・マーチンのブロックごとの購入金額の配分が大きな障害になってきた。ロット10では，F-35Aの単価がエンジンとロッキード・マーチンの手数料を含めて1億ドル超から9,400万ドルまで下がった。ウィンター中将は，ロット11ではF-35のすべての型が前回よりも安くなると予想している。

センサーの統合，データ共有の賢明な利用，低観測性により，“満載”状態のF-35Aは印象的な獣となる。（©ジェイミー・ハンター）

就役

アメリカ空軍は2016年8月2日，ユタ州ヒル空軍基地で，第388戦闘航空団の第34戦闘飛行隊に対してF-35Aの初期運用能力を宣言した。この段階では12機から24機の航空機を装備し，紛争中の環境下で基本的な近接航空支援，敵防空網制圧・破壊（SEAD/DEAD）作戦を実施できる人員が必要とされた。

＊ 規模の経済ともいう。経済・経営用語で，同一商品の生産量や一括仕入れの規模を拡大させて製造原価や販売価格を下げること。

第58戦闘飛行隊の教官が，地元での訓練任務のため事前に飛行する。（©ジェイミー・ハンター）

当初，ブロック3Iソフトウエアを搭載していたF-35は，GBU-31およびGBU-32統合直接攻撃弾，GBU-12ペイブウェイⅡレーザー誘導爆弾，AIM-120C先進中距離空対空ミサイルを機内配置に限定していた。それが後続のブロック3Fでは，完全な戦闘能力が提供されている。

現在までにアメリカ空軍は150機以上を受け取り，五つの基地に送り込んでいる。フロリダ州エグリン空軍基地の第33戦闘航空団と，アリゾナ州ルーク空軍基地の第56戦闘航空団が型ごとの訓練を行っている。試験はカリフォルニア州エドワーズ空軍基地とネバダ州ネリス空軍基地が務め，高度な訓練と戦術開発も行っている。さらに，ヒル空軍基地には最初の運用航空団である第388戦闘航空団と，それと関係のある空軍予備役軍団の第419戦闘航空団がいる。

F-35Aはノースロップ・グラマンのAN/APG-81アクティブ電子走査アレイ（AESA）・レーダー，ロッキード・マーチンのAN/AAQ-40電子光学照準システム，ノースロップ・グラマンのAN/AAQ-37電気光学式分散開口システムを搭載している。また，両翼の下にそれぞれ三つ，内部の兵器ベイにそれぞれ二つ，胴体の中心線上に一つ，合計11の兵器搭載部がある。

F-35BやF-35Cと異なり，通常離着陸型（CTOL）は4砲身の25mm GAU-22/Aカノン砲を内蔵している。しかし，この機能はブロック

3Fのソフトウエアがリリースされるまで実現されない。

第58戦闘飛行隊“ゴリラ”

第33戦闘航空団“ノマド”はアメリカ空軍のF-15Cイーグルの主要部隊の一つとなり，1991年の“砂漠の嵐”作戦では麾下《きか》の第58戦闘飛行隊“ゴリラ”がイラク軍の戦闘機の大半を撃墜し，イーグルの恐るべき名声を高めた。2009年にイーグルが引退すると，新たな指揮系統が確立され，第33戦闘航空団がアメリカ海軍，海兵隊，空軍が共同で行うF-35の作戦主力部隊となり，三タイプによるF-35飛行隊を初めて編成した。アメリカ空軍と並んで，海軍の第101戦闘攻撃飛行隊“グリム・リーパーズ（死神）”が最初にF-35Cを，海兵隊の第501海兵戦闘訓練飛行隊“ウォーローズ”がF-35Bを導入した。海兵隊は早い段階でエグリン空軍基地を離れ，海兵隊にとって本拠地ともいえるサウスカロライナ州ビューフォート海兵隊航空基地に移ったが，“グリム・リーパーズ”は今でも常駐*しており，航空教育訓練司令部（AETC）の第58戦闘飛行隊は，急速に拡大するF-35コミュニティのために，アメリカ空軍F-35の教官，整備員，関連諜報員を訓練する先駆的な部隊となった。

アメリカ空軍のF-35上級パイロットによると，F-35Aは目視できない範囲の空対空戦闘でも余裕で勝てるそうだ。また，最新のヘルメット型照準器と俊敏なミサイルにより，接近戦できわめて機敏な動きをする必要性が軽減されると語っている。（©ジェイミー・ハンター）

第58戦闘飛行隊は，2017年の大西洋トライデント演習にF-22，イギリスのユーロファイター・タイフーン，フランスのダッソー・ラファールとともに参加した。（©ジェイミー・ハンター）

F-35の初期幹部を立ち上げる基本的な前提として，アメリカ空軍が保有するほかの戦闘機から経験豊富なパイロットを集めることになった。F-35は特に従来のヘッドアップ・ディスプレイ（HUD）の代わりにヘルメット・マウント・ディスプレイの技術を採用するなど多くの点で異なっており，これは当然の取り組みだった。

分散開口システムは，パイロットが外部環境を視覚的に把握するための赤外線カメラ群のことで，多機能高度データリンク（MADL）などのデータ・ネットワークを利用して僚機と通話し，高いレベルの状況認識を維持できる。

エリック・“エミット”・スミス中佐は，F-35の初期に第58戦闘飛行隊で作戦部長を務めたアメリカ空軍初のF-35飛行隊パイロットだ。彼によると新しい航空機への切り替えや，教官パイロットの初期幹部の選定は2008年に始まったという。「2008年に選考会が行われた。条件を満たした者は，航空教育訓練司令部によって参加が認められた。1,000時間の飛行経験があり，戦闘機の教官パイロットなのが最低限の

＊ 2019年5月3日に非活性化し，F-35部隊の軍用機と整備要員はカリフォルニア州リーモア海軍航空基地の第125戦闘攻撃飛行隊に統合された。

条件だ。兵器学校を卒業していればなおよいが，必須ではない。さらにレーダーの経験，つまりA-10ではなくレーダーを搭載したF-16のような航空機を操縦した経験が必要だった。2009年の春に，10人の初期幹部教官と5人の補欠教官が選ばれた」。

スミス中佐は続ける。「結局，エグリンでは当初の10人に加えて，新しい任務を立ち上げるために補欠の3人を連れてきた。2010年1月には同じような経験をもつ人材を選ぶために，もう一度選考を行うことになった。ただ，そのときは最初よりも少し若いパイロットを探した」。

2011年7月14日，24機のF-35Aのうち“ゴリラ”用となる最初の1機がスミス中佐の操縦でエグリン基地に到着した。

「かなり簡単に飛ばせる航空機だ。これまではパイロットが自分でやらなければならなかったことを，この飛行機はいろいろやってくれる。導入されたレーダーやアビオニクスは，パイロットにとってとても使いやすい。従来の戦闘機ならコックピットに30～40個のスイッチがあるが，F-35には10個程度しかない。ほとんどの作業は，基本的に二つのタッチパネル・コンピューターによるパノラマ式コックピット・ディスプレイで行う。パイロットはその画面と操縦桿やスロットルのスイッチで，すべてのアビオニクスやコントロールを操作する。性能的にはF-16と同じように飛ぶ。最高速度は1.6マッハでF-16とまったく同じだ。また，F-16と同様に9Gになる。推力重量比もF-16と同じだ。

F-35のエンジン推力は巨大で，F-16の3万ポンドに対して4万2,000ポンドにもなる。これまでにつくられたなかで最大の戦闘機エンジンだ」。

ロッキード・マーチンは当初，三軍（空軍・海軍・海兵隊）から意見を聞きながら航空機乗員訓練の概要を作成したが，“ゴリラ”は現在，基本のBコースを教えていない。このBコースは，戦闘機の搭乗経験がない訓練生を，指揮官の僚機のパイロットとして有資格者にする講義だ。エグリンでの訓練は，戦闘機パイロットの経験があり，F-35に搭乗が決まっている者だけを対象にしている。パイロットに加えて，F-35の整備員もエグリンで訓練を受ける。こうした訓練の大部分は，F-35のパイロットや整備員を養成するために建設された26万平方フィート（24,155 m^2）の広大な専門の訓練センターで行われる。このセンターでは，学習プロセスを支援する

F-35の任務

マイケル・ゲッテ中佐は，アリゾナ州ルーク空軍基地の第61戦闘飛行隊指揮官だ。彼は2010年にエグリン空軍基地で，F-15Eコミュニティからf-35への移行を始めた。飛行隊についてゲッテはこう語る。

「私たちは基本的な地上攻撃と空対空迎撃，敵防空網制圧，近距離航空支援，対地攻撃といった戦術を多用する。後半の三つは敵機に偽装して標的エリアに侵入して模擬爆弾を投下し，戻ってくるまでに戦う。この航空機は敵防空網制圧プラットフォームの能力をもっているので，空対地に焦点を当てる内容を授業に加えるつもりだ。そうはいっても，私たちパイロットは空対空任務の訓練も受けるだろう」。

F-35の訓練部隊は，毎日のように近距離航空支援で飛行している。F-35がこの役割において高い能力を発揮できるようにすることが特に重要視されている。A-10がその役割を無難に実行できるような甘い環境なら，攻撃ヘリや軽量で安価な対反乱作戦（COIN）用航空機の守備範囲だという言い方もできる。だが，本来なら戦力が劣るはずの反乱軍でさえ，対空用の重砲や最新の“二桁”地対空ミサイル*をもっている可能性がある時代には，従来の対反乱作戦用航空機を実際に使用する機会は比較的限られている。

＊ ロシアが開発し改良を重ねている，同時多目的交戦能力をもつ地対空ミサイル・システム。double-digit（二桁）SAM（地対空ミサイル）はNATOがつけたコードネームである。

第58戦闘飛行隊のF-35Aがエグリン空軍基地に着陸する。（©ジェイミー・ハンター）

ために超近代的な技術を活用している。整備員の訓練には四段階のプログラムが採用されており，第一段階ではF-35の一般教養と基本的なシステム知識を学ぶ。それに続いて，航空機システムの整備訓練（ASMT）コースに進む。この航空機システム整備訓練コースでは，忠実に再現されたコンピュータ上の仮想環境で，訓練生は航空機に部品を取り付けたり，取り外したりできる。

エグリン空軍基地が初期に受け取ったF-35Aは，現在ヒル空軍基地のアメリカ空軍兵站センターに戻されて更新が行われている。（©ジェイミー・ハンター）

1971年から使用されている第58戦闘飛行隊"ゴリラ"の部隊章。

下：ルーク空軍基地上空で最後の旋回をする。ライトニングⅡに移行するパイロットは，訓練科目のうち戦術的要素に取り組む前に，F-35で4回は通常飛行をする。（©ジム・ヘーゼルタイン）

一組の“トップドッグス（勝者）”が，アリゾナ州ルーク空軍基地から任務でグランドキャニオン上空を飛行する。（©ジム・ヘーゼルタイン）

ルーク基地のライトニング

ルーク空軍基地の第56戦闘航空団は，統合攻撃戦闘機の能力を継続的に拡大させるうえで，F-35Aのパイロットと整備員の訓練にとって卓越した中心地となっている。その伝統と実績を考えれば，アメリカ空軍がF-35Aをルークにもち込んで大きな役割を担わせたいと考えたのも不思議ではない。常駐する第56戦闘航空団は，最大144機のF-35Aを受け入れる予定だ。さらに，アメリカ空軍のパイロットと整備員の幹部を育成するだけでなく，F-35のパートナーであるオーストラリア，イスラエル，イタリア，日本，オランダ，ノルウェー，韓国，トルコといった国々の部隊を訓練する拠点でもある。

最初のF-35Aは2014年3月10日にこのアリゾナ州の基地に到着し，有名な“LF”の機体番号をつけていた。3月18日に，ここで最初の訓練生が出撃訓練を修了した。“訓練生パイロット”といえば少し語弊があるので，ほかならぬ栄誉ある“ルーク1”として見ている。第56戦闘航空団の司令官であるスコット・プレウス准将は，20年以上にわたって単座戦闘機を操縦してきたベテランのF-16パイロットである。プレウスはF-35Aの幹部教官に加わるために昇格訓練の飛行を始め，アメリカ空軍パイロットとしてルーク基地で最初にF-35へ移行した。「F-35

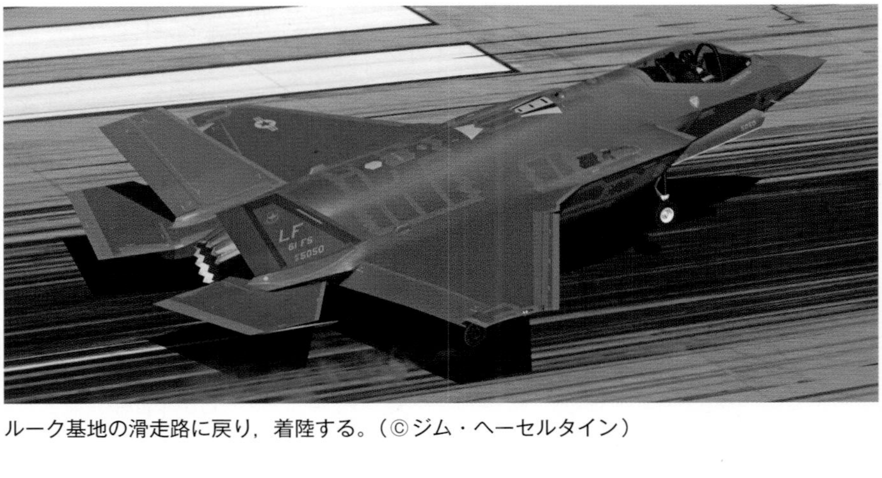

ルーク基地の滑走路に戻り，着陸する。（©ジム・ヘーゼルタイン）

左：2017年2月，ルーク空軍基地で真新しい第一級パイロットを育てる第一回Bコースが始まった。（©アメリカ空軍）
右：第34戦闘飛行隊のパイロットがスタート前のチェックを受ける。（©ジム・ヘーゼルタイン）

教官と訓練生が激しい訓練任務ののち，“トップドッグス”の建物に戻る。（©ジム・ヘーゼルタイン）

は今後何十年にもわたり空軍の戦闘機の基幹となり，ルーク基地は世界で最も優れた殺傷力をもつF-35パイロットを輩出するうえで，重要な役割を果たすだろう」と，プレウスは述べている。

当初は乗り換えパイロットが第61戦闘飛行隊のトップとして加わり，教官と運用試験パイロットの幹部を育成し，そののちにパートナー国とアメリカ空軍の第一世代イロットが続くことになった。グレゴリー・“メルク”・フラナ中佐はエグリン空軍基地の第58戦闘飛行隊でF-35の行程を始め，その後ルーク基地に移り，同基地で二番目のF-35部隊である第62戦闘飛行隊の指揮官になった。「私はルークでF-35の運用を立ち上げるため，最初に採用された連中の一人だった」と，彼は言う。F-15Eストライクイーグルのパイロットとして経験を積んでいたフラナは，F-35計画の早い時期に選抜され，初期教官パイロットとして，2013年1月にエグリン基地でこの新型機の訓練を開始した。「私はF-35を操縦する最初の幹部（アメリカ空軍パイロット）に選ばれた。エグリンで約6カ月間，F-35を操縦したのちルークに移った」。

ルーク基地のF-35計画では，特定のF-16飛行隊が具体的な技術を教えるという従来の形式とは異なり，各部隊が最初の離陸から本格的な地上攻撃戦術（SAT）まで，同じ講義を教える。F-35の訓練飛行隊が直面している大きな問題の一つは，有意義な訓練が行える十分に完成されたソフトウエアを搭載する航空機を入手できるかだ。このような状況は，パイロットが基本的なブロック1Aソフトウエアを使用して始まったエグリンでの初期訓練とは大きく異なる。当時，パイロットには任務用のシステムを「ひどく未熟だ」と言う者がいた。

乗り換え訓練生の養成コースは，いまではいうまでもなくシミュレーター作業に大きく支えられており，実際の飛行は7回だけで，それにこれまでの経験に基づいて3回の飛行がオプションで追加される構成になっている。「彼らはF-35に移行するため，計器着陸装置（ILS）の操作や編隊作業などの基本事項で4回の出撃を行う。その後，地上攻撃戦術と戦術的な迎撃でそれぞれ1回飛行し，実地試験で最後を飾る」と，フラナ中佐は言う。

F-35の自動兵站情報システムは，飛行部隊の急速な増加に直面して未熟さを露呈し，その対応に整備員による機体の点検や修理が必要になった。2017年2月8日，第61戦闘飛行隊の教官による指導で第一回のBコースが始まった。「初めて滑走路

ヒル空軍基地のオグデン航空兵站センターは，現役のF-35を更新するうえで重要な役割を果たしている。（©アメリカ空軍）

を離れて加速していくときの感覚は驚くべきものだった。あの日を振り返って，どれだけすばらしいことだったか忘れないようにしたいと思う」と，ある訓練生は語っている。

約2カ月，教室で学んだ訓練生パイロットは授業訓練の飛行段階に入り，その後6カ月間にわたって基本的な空対空，空対地，低観測性の戦闘飛行を行うために必要な技術を学んだ。「今は離着陸，計器飛行の方法を学び，悪天候でも安全に地上に戻れるようになっている。今後は一連の任務に進み，戦闘機の基本的な操縦と戦闘における高度な操縦の両方，また，それらをもとに複雑な任務の遂行方法を学ぶ」と，第56戦闘航空団の幹部士官で教官パイロットのジョシュア・ラーセン少佐は語る。

クラス17-ABLは2017年8月5日に，初めてF-35A初期資格取得コースで6人の新人パイロットを卒業させた。「いずれの訓練生も48回以上出撃し，合計77時間飛行した。離着陸の基本から始まり，あらゆる種類の任務をこなし，最後には高度な仕事で頂点に達する。その過程で，訓練生は不活性化したレーザー誘導のGBU-12を投下し，昼夜を問わずKC-135から給油し，低空への降下訓練を行った」と，第61戦闘飛行隊の指揮官レット・ヒールメイヤー中佐は述べている。

戦闘準備

生産機のAF-77とAF-78（アメリカ空軍のシリアルナンバーはそれぞれ13-5071と13-5072）は，2015年9月，ヒル空軍基地の第34戦闘飛行隊“ルード・ラムズ”にとって最初のF-35になった。アメリカ空軍は新型のライトニングⅡが必要とされたら，5カ月以内に戦地に行く準備ができていると言明した。ちなみに2016年8月2日，航空戦闘軍団のトップである“ホーク”・カーライル大将が，ヒル空軍基地の第388戦闘航空団第34戦闘飛行隊でF-35AライトニングⅡが初期運用能力を達成したと宣言し，割り当てられた時間枠で真っ先に“戦闘準備完了”となった。

カーライル大将は次のように述べている。「F-35Aは私たちの保有機のなかで最も主要な航空機となるだろう。これまで受け継いできた航空

ルーク基地のF-35Aペアがグランドキャニオン上空を飛行するすばらしいショット。（©ジム・ヘーゼルタイン）

11月2日，ハワイのヒッカム統合基地から沖縄の嘉手納基地に到着したF-35A。（©アメリカ空軍／オマリ・バーナード）

機では不可能なところに行くことができ，現代の戦場で指揮官が必要とする能力を提供できるからだ」。

第34戦闘飛行隊とそのパートナーである空軍予備役軍団の第466戦闘飛行隊は，7月27日に検討用の書類を提出し，初期運用能力の達成に求められる要件をすべて満たした。第34戦闘飛行隊は初期運用能力に向けて改造したF-35Aを12機装備し，21人の戦闘可能な現役および予備役パイロットが配属されていた。

第388戦闘航空団は6機を配備するのに十分な航空機，人員，装備，予備品を獲得していた。また，燃料システムの改良や雷対策の追加に加え，直前に行われた改良により飛行性能が拡大され，ソフトウエアの更新により不安定なレーダーの問題も修正された。

初期運用能力にとって試金石となる試験は，6月6日から17日まで7機のF-35Aと181人の隊員をアイダホ州マウンテンホーム空軍基地に派遣し，基地の外で行われた演習だった。この派遣では基本的な近接航空支援，航空阻止，限定的な敵防空網制圧・破壊を含めた，一連の初期運用能力の要件に合わせてF-35Aを調整した。ライトニングⅡは，空軍が“代表的な重防空システム”と表現したものに対して，さまざまなシナリオでF-16やF-15Eと対抗し，一緒に飛行した。

当時，第388戦闘航空団の司令官だったデビッド・ライオンズ大佐は，「これは初期運用能力に向けた準備の要となるイベントで，大成功を収めた」と語っている。

卒業試験のためにマウンテンホーム基地に滞在していたヒル基地のパイロットと整備員は，100％の出撃率を達成した（予定していた88回の飛行を完遂し，爆弾は16発のうち15発が目標に到達するという94％の命中率を達成）。整備員は92％という驚異的な任務遂行率（MCR）を達成した。F-35はGBU-12およびGBU-31の不活性誘導爆弾40発のうち39発を命中させた。唯一のミスは，爆弾のハードウエアの問題によるものとされている。

第34航空機整備部隊の責任者であるリチャード・パルツ大佐によると，航空機の複雑な情報技術インフラである自動兵站情報システムと任務システムのソフトウエアは非常によく機能したという。ロッキード・マーチンの請負業者である小さなチームは，実際に各国へ配備されたときと同様に，自動兵站情報システムと交換部品の補充によって兵站支援を行った。その部品も支援ぶりも

アメリカ空軍初の運用部隊である第34戦闘飛行隊“ルード・ラムズ”のF-35Aのペアが，ユタ州ヒル空軍基地の上空を飛行する。（©ジム・ヘーゼルタイン）

すばらしかったとライオンズは言う。

「目を見張るような活躍をしている」と，カーライルはF-35Aについて2016年7月に語っている。マウンテンホーム基地での展開について，カーライルは予定された88回の飛行のうち，予備機を使用したのは2回だけだったとつけ加えた。この2回の中断にもかかわらず，すべての出撃が予定どおりに行われた。「旧来の航空機と比較しても，これはとても優れている」と，カーライルは意気込む。「問題のあった2機は修理を受けて，再び前線に戻ってきた。これは整備の観点からも，本当に例外的に成功しているといえるだろう」。

カーライル大将は，F-35Aの初期運用能力への道のりで問題があったのは，二つの分野だけだと指摘した。まず，自動兵站情報システムについては，「まだ思いどおりにならない。だが，回避策はある。自動兵站情報システムで，より効果的かつ効率的にやっていきたい。ともかく，実際に配備することは十分に可能だ」と言う。二つ目は，搭乗員の資質についての問題だ。

コストは永遠の課題であり，これを下げるにはより大規模なブロックの購入が必要なのは間違いない。まだ多くの開発と運用試験を必要とする航空機で，初期運用能力を宣言したのはかなり異例だ。F-35が発揮できる兵器の効果の範囲がかなり限定されている状態で運用の開始を迫られており，能力の未熟さとのバランスをとりながらコストを下げるために生産量を増やさなければならないという悪循環に陥っている。しかし，F-35は最初からその能力を発揮しなければならず，アメリカ空軍にとっては就役を正当化するための要素を十分に備えているかどうかとのバランスが重要だった。

2017年，イギリス空軍レイクンヒース基地の駐機場で次の任務を待つF-35A。
（©ジェイミー・ハンター）

部隊の設置

まだ学ぶべきことが多い状態で無理にでも就役させようとすると，整備の安全面では不都合な点が実体化する。それは航空機のアビオニクス冷却ラインで起こった。この問題はテキサス州フォート・ワースの生産ラインにある42機にも及び，それには第34戦闘飛行隊の10機も含まれていた。

この問題は燃料が汚染を引き起こす可能性があるといわれており，オグデン航空兵站センターで整備中に見つかった。解決にはさらなる整備が必要となり，ロッキード・マーチンが現場にチームを派遣した。原因は下請け業者による不適切な取り付けで，その影響は特定の機体に限られた。さらに不安をあおるかのように，2016年9月23日，演習のためにルーク基地からマウンテンホーム基地に第61戦闘飛行隊のF-35Aが配備されたが，7機のうち1機が基地でエンジン始動時に火災を起こした。すぐに鎮火したというが，パイロットと3人の整備員は念のため病院で治療を受けた。その後，強い追い風が原因で火災が発生したと判断された。

これまでに少なくとも3機のF-35Aが火災で損傷しており，そのうち2011年のAF-4試験機ではハネウェル製の統合パワーパッケージが故障している。第58戦闘飛行隊機のAF-27は，2014年にエグリン基地でエンジン火災を起こし，現在も飛行不能になっている。

運用中の航空機に事故が起こる可能性はもちろんあるものだが，一連の試験が完了する前にこれほど多くのF-35を製造し，運用するリスクに対する懸念は消えない。こうした問題を解決するには，大規模な改修作業が必要になるかもしれない。しかし，この議論に対しては，就役機が増加することによりF-35の経験をより迅速に積み重ねられるという事実もある。従来の試験計画では，今回の火災のような問題はこれほど早い段階では遭遇しなかったかもしれないのだ。

遠征に出る

2017年10月31日，一組のF-35Aが沖縄の嘉手納基地に着陸し，アメリカ空軍のライトニングⅡにとってこれまでで最も重要な出来事が始まった。

これは，F-35A（12機）による太平洋地域への6カ月間にわたる派遣の始まりだ。近年，この地域ではこの話題に関する新聞の見出しが絶えることがない。

太平洋空軍（PACAF）の戦域安全計画（TSP）の一環として，配備されたヒル空軍基地のライトニングⅡ（ユタ州の軍事施設を表す“HL”の機体番号をもつ）は，

2017年のレイクンヒース基地への分遣隊では，ヒル空軍基地のF-35Aが同基地に常駐するF-15CやF-15Eと一緒に飛行した。（©ジェイミー・ハンター）

イギリス空軍ミルデンホール基地の第100空軍給油航空団に所属するKC-135Rから給油を受ける，ヒル空軍基地のF-35A。（©ジェイミー・ハンター）

嘉手納基地に到着後，第34戦闘飛行隊指揮官のマシュー・ジョンストン中佐（右）と握手を交わす第388作戦支援飛行隊指揮官のマイケル・アルブレヒト中佐。（©アメリカ空軍／ベンジャミン・サットン2等軍曹）

第34戦闘飛行隊“ルード・ラムズ”の先頭に立っていた。この12機は現役の第388戦闘航空団と，空軍予備役軍団の第419戦闘航空団が共同で運用しているものだった。

アメリカ空軍は，「この地域の安定と安全に対するアメリカの継続的な責任を実際に示すことを目的とした配備」としており，300人もの航空要員がヒル空軍基地から西（東アジア）に向かうには，たいへんな努力が必要だった。

最初に2機が本隊に先駆けて，ソウル航空宇宙・防衛展示会に参加した。残る本隊の10機は11月2日までに嘉手納基地へ到着し，すでに常駐している第18航空団の軍用機（現役であるF-15C飛行隊の2機を含む）とともに作戦へ向けて飛行準備を整えた。

「F-35Aは私たちの航空優勢部隊を補完しつつ，現在の，あるいは新たな脅威に対して，前例のない地球規模の精密攻撃能力をもつ統合兵力を提供する。この機体はわが司令部が義務を果たすために申し分ない。訓練や作戦に組み入れるのが楽しみだ」と，太平洋空軍の司令官テレン

2017年4月，第34戦闘飛行隊のF-35Aと第48戦闘航空団のF-15，F-15Eが鋭い斜線陣形を組む。（©ジェイミー・ハンター）

ス・J・オショネシー大将はコメントしている。

　この6カ月の嘉手納基地派遣は，4月のイギリス空軍レイクンヒース基地での滞在に続くものだった。4月15日，6機がほとんど予告なしにイギリスのサフォーク州レイクンヒース基地に到着して大騒ぎになり，4日後にはさらに2機が到着した。アメリカから東への移動は，C-5およびC-17輸送機によって支援され，約200人の航空要員と装備がヒル空軍基地から運ばれた。この“ルード・ラムズ”分遣隊は，レイクンヒースに常駐する第493戦闘飛行隊“グリム・リーパーズ”のF-15C/D部隊と仕事場を構え，主としてイギリス空軍とともに地元で任務をこなした。

　ヒル基地の航空機がイギリスに着陸すると，アメリカ空軍にとってF-35Aを初めて海外(ヨーロッパ)で展開する訓練が始まった。2016年のロイヤル・インターナショナル・エアタトゥーでは，ルーク基地から第56戦闘航空団のF-35が参加したが，その目的は航空ショーに限られていた。レイクンヒース基地訪問は，より大規模で長期にわたる日本派遣の前振りであることは疑いなく，ヒル基地の職員にとってはとても多忙な年になった。アメリカ空軍はまぎれもなくこの最新戦闘機を運用している。

　レイクンヒース基地への配備は，完全な状態の飛行隊が主だった作戦訓練の任務を行い，その能力を証明することが目的だった。さらに，イギリスの基地が選ばれたのは偶然ではない。現地に駐留する第48戦闘航空団は，アメリカ空軍のライトニングⅡにとって最初の海外基地として計画されている。F-35はレイクンヒース基地に到着後，「ヨーロッパ再保証イニシアチブ」のもとで一連の作戦訓練に従事した。これはNATO加盟国との間で行われる一連の演習や訓練で，ロシアに対する力を示して同盟国の相互運用に磨きをかける機会となる。また，2機のF-35がエストニアとブルガリアにも配備され，声明によれば「訓練の機会を最大限に活用し，同盟国空軍とのパートナーシップを構築し，ヨーロッパの多様な作戦状況に慣れる」とされている。

　2機のF-35Aと約20人の支援要員は，4月25日の日中にエストニアのエマリ空軍基地へ“慣熟《かんじゅく》訓練”のために飛来した。声明は，「この配備は以前から計画されており，時事問題とは関係なく，同盟国エストニアとの緊密な連携のもとに行われ

F-15C“ウォードッグ1”がレイクンヒース基地の周回路に入り，“ヒル・レイクンヒース”チームが基地に戻ってくる。(©ジェイミー・ハンター)

た」と述べている。

4月28日には再び2機のF-35Aが，メリーランド州アンドリュース空軍基地の第459空中給油空団から配備されたKC-135Rの前方支援を受けて，ブルガリアのグラーフ・イグナティエボ空軍基地に二度目の往来飛行を行った。第3空軍司令官のリチャード・クラーク中将は，到着後の記者会見で次のように述べている。「私たちは，“大西洋の決戦”作戦のような共同の取り組みや，“トラキア・イーグル”や“トラキア・サマー”，それに“トラキア・スター”といった飛行演習を通じて日常的に訓練を行っている。ブルガリアへの関与は，すべての同盟国に対する私たちの揺るぎない支援の一例だ。ブルガリアの友人たちは，今日なし得た支援に感謝している。あなたたちの協力は，F-35が私たちの同盟関係にとても大きな貢献をするための準備に役立つ。これからも末永く，ともに取り組み，協力関係を築いていきたいと思う」。

ブルガリア空軍の司令官ツァンコ・ストイコフ少将はこうつけ加えた。「私たちの努力が高く評価され，同盟国として信頼されることは，両国および両空軍の関係の発展に大いに貢献している」。

イギリスに到着後，F-15Cとともに現地で慣らし運転を行い，より広範囲な任務をこなした。ニュースにはこう書かれている。「パイロットと整備員は1日におよそ10回の出撃を行い，第48戦闘航空団のF-15CやF-15E，イギリス空軍やそのほかNATO同盟国とともに訓練を行っている」。

嘉手納基地の配備も同じような経過をたどったようだ。当時，F-35を受け入れていたレイクンヒースの第493戦闘飛行隊司令官だったジェイソン・ズムワルト中佐は，次のように述べている。「私たちはビルディング・ブロック方式*により，F-15イーグルとF-35を1対1で戦わせる機会を得た。それをもとにより大規模な演習に入り，今日のようなF-15C，F-15E，F-35各4機とイギリス空軍のタイフーン数機が協力し，強力な敵の脅威に対抗する任務を達成した。そこでは，数機のF-15Eが標的を攻撃する空対地任務が行われた。F-15CはF-35とともに統合された航空作戦を先導し，敵の空域を一掃した。そして模擬標的に爆弾を投下した攻撃部隊を護衛し，全員が帰還した」。

また，“グリム・ラプターズ”のF-15Cパイロット，スコット・テイラー中佐は，「標的に対してより早く，より正確な判断を下すのがカギだ。ともに戦うのがベストで，訓練には多くの相乗効果がある。任務を終えて戻ると顔を合わせてやり取りし，戦術を吟味する。これはF-35Aでの戦い方を向上させ，今回の展開をきわめて優れたものにしている」と語っている。

同じくF-35Aパイロットのルーク・ハリス少佐は，「私にとって，F-15とのドッグファイトは初めてだった。空中戦はパイロットの技量

乗機に向かうパイロットのタイラー・マクブライド大佐に敬礼するF-35Aの航空整備長フランク・アンダーソン2等軍曹。（©アメリカ空軍／マイケル・マックール）

が試されるが，航空機の能力にも制約がある。私はF-35の飛行制御と機動性にとても感銘を受けた」と言う。さらに，目視できる距離で会敵し旋回戦になるのを避けるのがF-35の特質だという。そして，「私たちと一緒に飛んだ連中は皆，戦闘中のF-35で目を見張るような経験をし，その能力が自分たちの側にあるのを喜んでいると言っていた」と述べている。

一方，第388戦闘航空団と第419戦闘航空団は，2018年5月5日にF-35Aによる初の長期海外派遣を完了した。6カ月間の派遣期間中，第34戦闘飛行隊と第466戦闘飛行隊のパイロットは1,086回の出撃を行い，地域内の8カ所に小規模な派遣を行った。

＊ システムを構成する要素に分解し，それぞれを積み重ねて全体の構築や増設を行う方式。

ネリス空軍基地近郊のネバダ砂漠上空を飛行する第6兵器学校飛行隊の編隊。（©アメリカ空軍／ダリン・マーフィー2等軍曹）

兵器学校

第6兵器学校飛行隊は，2017年6月20日，アメリカ空軍兵器学校のF-35AライトニングⅡ飛行隊として活動を開始した。30人の教官と24機のF-35Aが割り当てられ，2023年までに兵器学校最大の飛行隊にする計画で，アメリカ空軍におけるパイロットの戦術と手順に関する中央組織となる。

第6兵器学校飛行隊の記章。F-35の非公式の名称“パンサー”にちなみ，「パンサー・ティマー（豹使い）」を表している。

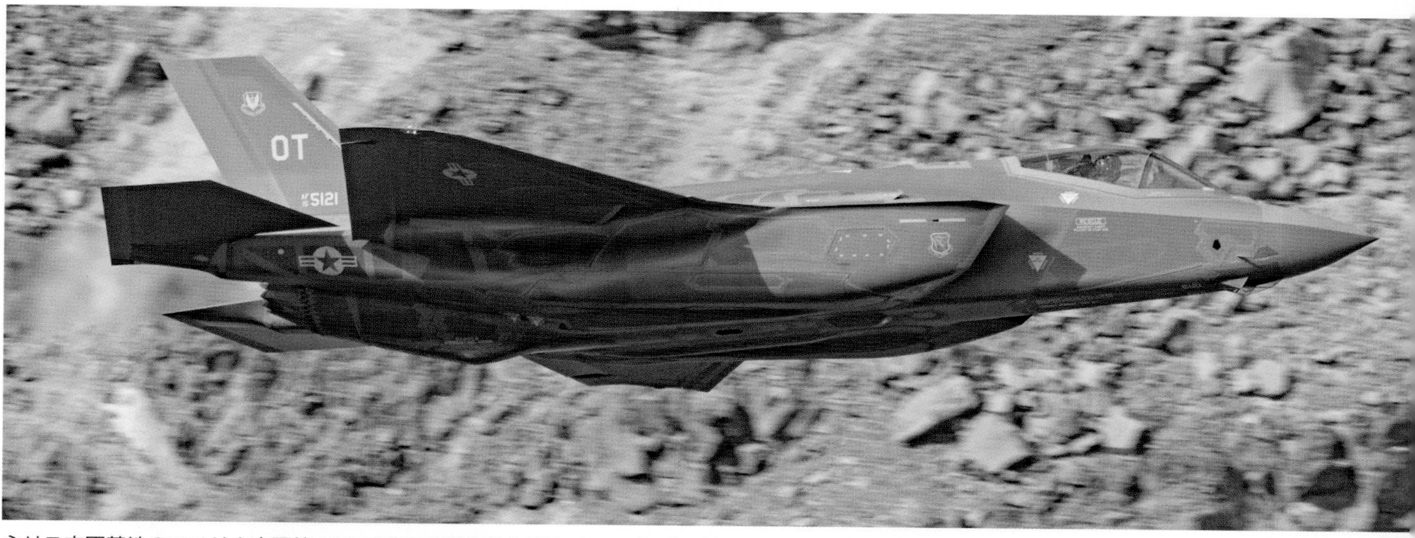

ネリス空軍基地のアメリカ空軍第422試験評価飛行隊“グリーン・バット”が，F-35Aの運用試験を行っている。（©ダン・スティジョビッチ）

第6章　F-35B就役

先頭に立つ

2015年7月の最終日，アメリカ海兵隊は短距離離陸・垂直着陸型（STOVL）F-35BライトニングⅡの初期運用能力を宣言した。いいかえれば遠征戦のスペシャリストが，10機のF-35Bを保有する最初の飛行隊を世界中どこにでも配備できる状態になったのである。

これはアリゾナ州ユマ海兵隊航空基地を拠点とする第121海兵戦闘攻撃飛行隊“グリーン・ナイツ”が打ち立てたもので，F-35の全機種を運用する最初の飛行隊ともなった。

エンジン始動前に親指を立てる第121海兵戦闘攻撃飛行隊のパイロット。（©ジェイミー・ハンター）

第121海兵戦闘攻撃飛行隊の10機はブロック2Bの機器構成で，「必要とされるフライト・エンベロープの性能と兵器を整理した。さらに訓練と能力の維持，それに過酷な場所や艦艇に配備するための施設も加わった」と，当時の海兵隊司令官ジョセフ・ダンフォード大将は語る。

この初期運用能力の宣言により，第121海兵戦闘攻撃飛行隊は近接航空支援，攻撃的および防御的対空，航空阻止，突撃支援護衛，武装偵察の任務を遂行できるとみなされた。

これにより，AIM-120Cミサイル2発，1,000ポンド（454kg）GBU-32統合直接攻撃弾2発または500ポンド（227kg）GBU-12レーザー誘導爆弾2発を，すべて内部に搭載できるようになった。第121海兵戦闘攻撃飛行隊は初期運用能力に向けて，強襲揚陸艦「ワスプ」（LHD-1）で7週間にわたる運用飛行，大規模な演習，実弾攻撃を含む運用評価（Opeval）でその性能を発揮した。

海兵隊の計画

F-35はアメリカ海兵隊の主要な攻撃戦闘機として，ホーネットやハリアーに代わりつつある。初期運用

2015年5月，強襲揚陸艦「ワスプ」の飛行甲板で第一段階の着艦運用試験（OT-1）の準備をする第501海兵戦闘攻撃訓練飛行隊のF-35B。（©アメリカ海軍／ジーウェイ・タン広報官）

アメリカ海兵隊はライトニングⅡの初期運用能力を最初に宣言し，現在はF-35Bを強襲揚陸艦に配備している。

能力の宣言以降，“グリーン・ナイツ”が運用するF-35Bは，2017年1月にユマ基地を出発して日本の海兵隊岩国航空基地を新たな常設基地とした。同部隊は横須賀の母港から運用する「ワスプ」に搭乗し，海兵遠征隊による初めての派遣が完了した。二番目のF-35B運用部隊である第211海兵戦闘攻撃飛行隊“アベンジャーズ”も完全に稼働しており，2018年夏，ブロック3F規格のF-35Bが強襲揚陸艦「エセックス」(LHD-2)に配備されるが，このF-35Bは完全運用能力を備えている。

海兵隊は最終的に353機のF-35Bと67機の空母型F-35Cを導入し，6カ所の拠点で現役の20個飛行隊と二つの予備役飛行隊が運用することになる。そのうち二つの飛行隊は訓練を担当し，七つの海兵飛行隊にあるF-35Cは海軍の艦隊交換飛行隊の訓練を支援する。海兵隊のF-35Cの初号機は，2015年1月に第101戦闘攻撃飛行隊に納入された。

ライトニングⅡへの完全移行は，2031年に第2予備役飛行隊が立ち上がった時点で完了する。海兵隊の配備計画では九つの飛行隊がF-35Bを16機装備し，五つの飛行隊がそれぞれ10機を装備することになっている。F-35Bの訓練はすべてサウスカロライナ州ビューフォート海兵隊航空基地で行われ，そこには25機の訓練飛行隊が二つ配置される。四つのF-35C飛行隊にはそれ

ビューフォート基地の進入路を飛行する第501海兵戦闘攻撃訓練飛行隊のF-35B。(©ロッキード・マーチン／リズ・ルッツ)

ぞれ10機が配属され，戦術航空機統合（TACAIR）の一環として海軍の空母航空団による派遣を支援する。

“ウォーローズ”，先頭に立つ

2010年にエグリン空軍基地で第501海兵戦闘攻撃訓練飛行隊“ウォーローズ”を立ち上げた海兵隊は，その後，恒久的な本拠地を求めた。第121海兵戦闘攻撃飛行隊のエンジニアとパイロットの初期幹部訓練の第一段階を終えた“ウォーローズ”は，東のビューフォート空軍基

ビューフォート海兵隊航空基地の第501海兵戦闘攻撃訓練飛行隊に配属された航空機は，作業棟のすぐそばに置かれているためパイロットや整備員は簡単に両者の間を行き来できる。（©ジェイミー・ハンター）

地に移動した。

ビューフォート基地はF-35の物語で重要な役割を果たしている。そこはF-35計画においてアメリカ以外では最上位のパートナーであるイギリスが，海兵隊とともに初期の作戦を開始した場所でもある。

カリフォルニア州エドワーズ空軍基地の第1海兵実用試験飛行隊では，4機のF-35Bが統合運用試験チームの一員として，オーストラリア，イギリス，オランダの運用試験部隊やアメリカ空軍のF-35A，海軍のF-35Cと共同して初期運用試験評価（IOT&E）に向けた共同作業を行っている。これまでの運用試験では開発試験（DT）から初期運用能力へ移行する際に，個別の要素で締めくくることを目的にしていたが，現在では正式な初期運用試験評価とブロック3Fのソフトウエア能力に焦点を当てている。

F-35Bのブロック3Fでとりわけ注目される能力は，GBU-12レーザー誘導爆弾，GBU-31/32統合直接攻撃弾，GBU-39小径爆弾，AGM-154統合スタンドオフ兵器（JSOW-C1）*，AIM-120C先進中距離空対空ミサイル，AIM-9X短距離空対空ミサイルなどだ。またブロック3Fでは，すべての型に機関砲が追加で装備された。初期運用試験評価が成功すれば，F-35の生産で完全な“ブロック購入”のゴーサインが出る。これは，生産性の向上と調達にあたり長期の納品予測を立てて，単体コストの削減を実現するために不可欠だ。

また，第1海兵実用試験飛行隊はF-35Bを運用するうえで重要な要素の一部を実証している。たとえば，2016年，開発試験Ⅲのために F-35Bを強襲揚陸艦「アメリカ」（LHA-6）に搭載して行われた“概念実証デモ”などがある。

2017年2月に行われたライトニングⅡの敏捷性実験では，その後，

＊ 滑空誘導爆弾／空対地ミサイル。

上：ムーディ軍事作戦地域（MOA）でイギリス空軍のパイロット，ヒュー・ニコルズ少佐が第501海兵戦闘攻撃訓練飛行隊のF-35Bで訓練飛行を行った。（©ジェイミー・ハンター）
左：“ウォーローズ”の記章。

F-35Bがどのように海兵隊の空対地任務部隊（MAGTF）に統合されるかを調べた。

“アベンジャーズ”

海兵隊で二番目のF-35B運用部隊となった第211海兵戦闘攻撃飛行隊は，第121海兵戦闘攻撃飛行隊を分割して拡張したものだ。さらに，F-35Bの配備を進めた第122海兵戦闘攻撃飛行隊“フライング・レザーネックス（空飛ぶ海兵隊員）”も，海兵隊で三番目の運用飛行隊へと成長した。第122海兵戦闘攻撃飛行隊は2016年6月30日，正式にF-35Bへ機種転換し，9月にはパイロットがフロリダ州ティンダル空軍基地で兵器システム評価プログラム（WSEP）に参加し，2発のAIM-120ミサイルを発射した。元飛行隊長のチャド・ヴォーン中佐は次のように述べている。「『ワスプ』のあと，しばらくユマに戻り，航空機を使用するための基本に集中していたが，11月（2016年）に『アメリカ』へ開発試験Ⅲの支援で再び向かった」。

2017年初頭，第121海兵戦闘攻撃飛行隊はユマ基地で兵器・戦術教官（WTI）コースを支援し，5月にはネバダ州ネリス空軍基地を始めとし

イギリス空軍のニコルズ少佐と海兵隊の“グラヴィー”・ラウントリー少佐が，待機するF-35に向かう。（©ジェイミー・ハンター）

強襲揚陸艦「アメリカ」に到着

F-35BとAH-1Zヴァイパー攻撃ヘリ，MV-22Bオスプレイ，UH-1Yヴェノム中型ヘリが，開発試験Ⅲ後期の概念実証段階において強襲揚陸艦「アメリカ」の飛行甲板を共有した。（©ロッキード・マーチン／アンディ・ウルフ）

BF-01号機が飛行甲板に降り立つ。第1海兵実用試験飛行隊では，エンジンとリフトファンを完全に切り離して評価するために海上試験を行った。（©ロッキード・マーチン／アンディ・ウルフ）

2016年に開発試験Ⅲの作業で，7機のF-35Bが海兵隊の最新鋭強襲揚陸艦「アメリカ」に搭載された。10月28日金曜日，南カリフォルニア沖を航行する同艦に5機のF-35Bが着艦し，翌日にはさらに2機が加わった。これらは，メリーランド州パタクセント・リバー基地の統合試験部隊から飛来した2機のF-35B（BF-01，BF-05）と第1海兵実用試験飛行隊の予備機3機，それに第211海兵戦闘攻撃飛行隊の艦載機2機が加わったものだ。

それから3週間のうちに統合試験チームは開発試験と運用試験を完了し，ブロック3FのソフトウエアA構成でF-35Bを安全に運用する基準を確立した。一方，第1海兵実用試験飛行隊では，第121海兵戦闘攻撃飛行隊が「ワスプ」に乗艦するための整備要員とパイロットの準備に重点を置いた。

F-35Bの開発試験ⅠおよびⅡの初期海上試験は，それぞれ2011年と2013年に「ワスプ」で行われた。開発試験Ⅲでは，初めて「アメリカ」に搭載したが，海が荒れるなど統合試験部隊チームにとって具体的なテスト・ポイントがそろった。横揺れする飛行甲板だけでなく，ブロック3Fソフトウエアに関連して外部荷重もかけられた。この荷重により統合試験部隊は航空機の比重を極限まで高めて，非対称の荷重でも飛行が可能になった。

F-35Bパイロットのリチャード・ルスノク中佐（現在は第121海兵戦闘攻撃飛行隊の指揮官）は，開発試験Ⅲで新しい統合精密進入着陸装置（JPALS）の開発・運用試験の要素を組み合わせて飛行した。「基本的に『アメリカ』に搭載された統合精密進入着陸装置と，航空機に搭載されたブロック3Fソフトウエアがやりとりできるようにしている」。

統合精密進入着陸装置は，レイセオン社が開発したディファレンシャルGPS[*1]をベースにした精密着陸システムだ。暗号化された妨害防止用データリンクを用いて，あらゆる天候下で，風波階級5[*2]まで航空機を空母や強襲揚陸艦に誘導する。

＊1 従来のGPSは人工衛星のデータを利用するが，それに基準となる基地局（この場合は強襲揚陸艦「アメリカ」）からのデータも用いて航空機の現在位置を補正する技術。
＊2 波高2.5～4mで，波がやや高い状況。

第1海兵実用試験飛行隊のクルーが，開発試験Ⅲの運用試験でGBU-12とGBU-31の実弾を搭載している。（©ロッキード・マーチン／アンディ・ウルフ）

F-35Bを実際に見ると，特にホバリングが感動的だ。多くの人が警告していたほど騒音はなく，安定して着地できる。(©ジェイミー・ハンター)

下：第121海兵戦闘攻撃飛行隊は，当初ユマ海兵隊航空基地で運用されていたが，初期運用能力の宣言後，日本に移動した。(©ジェイミー・ハンター)

て，さまざまな小規模の分遣隊を派遣した。これは，7月に“アベンジャーズ”がネリス基地で行われる“レッド・フラッグ”演習に向かって，大きく飛躍する前兆だった。「三つの部隊で基本的に同じ航空機を使用しているので，この計画の初期から共通の戦術マニュアルをもつように推進してきた。今回の演習でそれを検証する」と，ヴォーンは言う。

「たとえば空軍のF-35Aと統合した場合，お互いに相手が何をしているかわかっている。それは，私たちが同じ戦術を基本としているからだ。F-35の戦闘能力については，いろいろと語られている。確かに，まだ解決すべき欠陥はあるが，この

ビューフォート海兵隊航空基地から飛来した第501海兵戦闘攻撃訓練飛行隊“ウォーローズ”のロッキード・マーチンF-35BライトニングⅡ。(©ジェイミー・ハンター)

航空機をより深く理解する意味では大きく前進した。私たちが今すぐにでも作戦配備できることが肝心で，もし明日戦闘に出なければならないとしたら徹底的にやっつける」。

ヴォーン中佐は戦闘機の空中戦機動（BFM）を「空対空の役割を果たすための足がかり」と語っている。「たとえ遠距離で問題に対処できなくても，接近戦にもち込める。ブロック3Fのソフトウエアでフライト・エンベロープの拡大が始まり，より空中戦機動ができるようになった。私たちはこの点についてより多くのことを学び始めている」。

アメリカ海兵隊の航空戦術に関連して，しばしば語られる任務は近接航空支援である。考え方と訓練が重要で，プラットフォームはほとんど関係ないといわれている。しかし，そのプラットフォームが任務に対する多様なアプローチを可能にしなければ，むしろ能力の可能性を制限してしまう。「海兵隊員として近接航空支援には特別な思いがある。近接航空支援では標的への効果が重要だ。地上部隊指揮官の意図に沿うか沿わないか，そのために働いているのだから。必要とされる場所に兵器を持っていければ，近接航空支援は成功だ。F-35のステルス性はすばらしいが，それは私たちの道具箱にある工具にすぎない。この航空機はセンサーに比重を置いた点が，まさにほかと異なる。センサーの組み合わせとブロック3Fにより外部パイロンが追加された。その圧倒的な兵器搭載能力には驚くばかりだ」と，ヴォーンは説明する。

フライト・エンベロープの拡大に加えてブロック3Fの登場により，F-35は外部パイロンに兵装を搭載し始めた。「（敵機を）まずは一蹴《いっしゅう》して，もはやステルスが必要なくなったら爆弾を積んで機関砲を投入する。低空まで降りていき，なんとしてもそれを使う。ホーネットやハリアーと同じやり方でF-35を使うつもりだ。しかし，雲の下で目標を探すような任務も今では雲の上で見通せる。それは，これまでにはできなかったことだ」と，ヴォーンは言う。

センサー類で初期の照準ポッドと比較して批判されているのが，電子光学照準システム（EOTS）だ。簡単に新しいシステムと交換できるポッドを搭載する航空機と異なり，F-35の電子光学照準システムは試験開始以来，ほとんど手がつけられていない。ほとんどの者が，最新のポッドに比べて電子光学照準システムの解像度には限界があり，低照度テレビがあれば便利だと大筋では認

第1海兵実用試験飛行隊のF-35Bが，ユマ基地の近くで試験飛行をしている。（©ジェイミー・ハンター）

F-35のコックピットには，大型の液晶カラーディスプレイが設置されている。“フィンガー・オン・グラス”と呼ばれるこのディスプレイは航法，目標指示に至る脅威の警報，兵装表示など，あらゆる情報をパイロットに提供する。左手のインセプター（スロットル）は巡航制御のように機能し，高度を制御する。パイロットが操縦桿から手を離すと，機体はそのままの状態でとどまる。（©ジェイミー・ハンター）

モード4（STOVLモード）でユマ基地上空を飛行するF-35B。（©ジェイミー・ハンター）

めるが，こうした欠点は画像を見るコックピットの大型スクリーンで簡単におぎなえる。

船出

2016年10月下旬，第211海兵戦闘攻撃飛行隊は“ドーン・ブリッツ”演習に参加し，海兵遠征旅団（MEB）の一員として8月に「エセックス」へ乗艦した。部隊は「エセックス」でF-35に対応するため，艦の飛行甲板を新たに改良して再認証する作業を支援した。それがこの飛行隊で最初の空母着艦資格取得（CQ）訓練だった。「実際は，最初の夜に部隊で夜間着艦資格取得訓練を行った。艦の約1マイル（1.6km）後方でモード4（STOVLモード）に設定し，減速を開始した。着陸信号士官が艦の速度を教えてくれるので，自動操縦に切り替えれば航空機が自動で減速してくれる。最終的には，昼間なら艦の左舷前方にホバリングする。夜間は甲板中央の“側線”に降下し，通常の着陸場所であるスポット7に近づく」と，ヴォーンは説明する。

「STOVLの自動操縦は本当にすばらしく，とても安定している。これは科学の賜物だ。機体を着陸地点の上空に保ち，いくつか位置修正を行ったのちに，操縦桿を前に倒してボタンを押せば最適な降下率が表示される。あとは降下するまでの間に少しライン修正するだけだ」。

F-35のステルス性に優れた機体表面は，飛行甲板に出して長期間展開したり，外部パイロンをとりつけて整備したりするとダメージを受ける。特に海兵隊ではF-35の全部隊で低観測性の100％維持を目標としているため，外板の損傷はたいへん大きな問題となる。飛行隊の航空機はすべて戦場におもむくための資産であり，訓練飛行隊と前線の運用方

アリゾナ州ユマ基地の第211海兵戦闘攻撃飛行隊“ウェークアイランド・アベンジャーズ”のF-35BライトニングⅡと部隊の記章。(©ジェイミー・ハンター)

法に違いはない。

2018年3月5日，第121海兵戦闘攻撃飛行隊“グリーン・ナイツ”が運用するF-35Bの分遣隊が，東シナ海の「ワスプ」に着艦した。ライトニングⅡの到着により，F-35Bの海兵遠征隊初の作戦展開が始まった。F-35Bは，第31遠征派遣隊が第11水陸両用飛行隊を艦艇に乗せて展開する「ワスプ」遠征打撃群の「スプリング・パトロール2018」を支援するため，第265海兵中型ティルトローター飛行隊(VMM)に配備された。

第121海兵戦闘攻撃飛行隊の航空要員は，第31遠征派遣隊が「ワスプ」遠征打撃群の下で

現在，運用中のF-35Bは外装が何もない状態で出撃している。しかし，2018年にブロック3Fのソフトウエアが登場すると，パイロンや外部兵装が搭載されるようになる。(©ジェイミー・ハンター)

インド・アジア・太平洋地域で継続的な活動を展開する前に，定期的なパトロールの一環として一連の適正飛行を行った。

第121海兵戦闘攻撃飛行隊は3月24日，「ワスプ」のF-35BにGBU-32の実弾を搭載した。これは，作戦展開中のライトニングⅡに実弾を搭載した初めての例である。

7月には第211海兵戦闘攻撃飛行隊の分遣隊が第13遠征派遣隊の一員として「エセックス」に乗り込み，2回目の派遣が始まった。

一方，第122海兵戦闘攻撃飛行隊は2017年10月にF/A-18Cからの転換を開始し，2018年3月29日にユマ基地でF-35B部隊としての初

2016年11月，「アメリカ」の飛行甲板で運用試験を行うF-35B。このときの乗艦では，初めて強襲揚陸艦から飛行する実弾任務が含まれていた。（©ロッキード・マーチン／アンディ・ウルフ）

“ドーン・ブリッツ”演習では，第211海兵戦闘攻撃飛行隊が「エセックス」から運用された。（©アメリカ海兵隊／エイプリル・L・プライス3等軍曹）

2018年3月，「ワスプ」に到着した第121海兵戦闘攻撃飛行隊“グリーン・ナイツ”のF-35B。（©アメリカ海軍／マイケル・モリーナ広報官）

任務を実施した。移行の一環として，第122海兵戦闘攻撃飛行隊はビューフォート基地からユマ基地に移転した。第314海兵戦闘攻撃飛行隊は，2019年にミラマー基地で立ち上げられると，F-35Cを装備する最初の海兵隊部隊となる。同飛行隊は，2021年末までに第11水陸両用飛行隊と配置の検討を開始する予定だ。

2018年の海洋航空計画によると，第225海兵戦闘攻撃飛行隊が2020年にF/A-18DからF-35Bへ移行を開始し，2021年度初頭に第502海兵戦闘攻撃訓練飛行隊が再活性化すると，ビューフォート基地に二つ目の機種転換飛行隊が立ち上がる。また，2018年度中に機種転換飛行隊の運用飛行を支援するため，第501海兵戦闘攻撃訓練飛行隊に予備の増強飛行隊（SAU）を設置する予定だ。

2016年11月，太平洋上で実施された最終試験（開発試験Ⅲ）において，「アメリカ」艦上で作戦行動を行うF-35B。（©ロッキード・マーチン／アンディ・ウルフ）

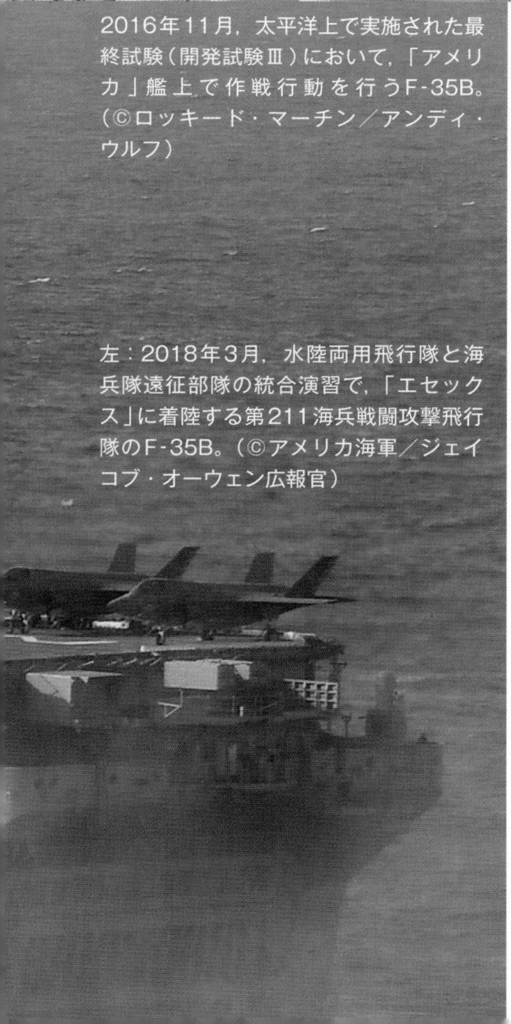

左：2018年3月，水陸両用飛行隊と海兵隊遠征部隊の統合演習で，「エセックス」に着陸する第211海兵戦闘攻撃飛行隊のF-35B。（©アメリカ海軍／ジェイコブ・オーウェン広報官）

上：第122海兵戦闘攻撃飛行隊“フライング・レザーネックス”の指揮官機。同飛行隊は2018年3月29日に初のF-35B任務を実施した。（©アメリカ海兵隊／アリソン・ロッツ3等軍曹）
下：ピカチョピーク国立公園を背景に，ユマ基地から発進した第1海兵実用試験飛行隊のジャック・クローナン少佐が操縦するF-35B。（©ジェイミー・ハンター）

第7章　F-35C就役

飛行甲板の革命

アメリカ海軍がついにライトニングⅡの初期運用能力を達成した。初飛行から就役までの道のりは長かった。

2010年6月6日にフォート・ワースで初飛行した空母型（CV）F-35Cは，翼面積が22％も大きいなど，さまざまにユニークな設計上の特徴をもっている。CF-01号機を操縦したのは，ロッキード・マーチンのテスト・パイロット，ジェフ・ノウルズである。57分間の飛行が終わると，当時の海軍航空隊司令官トーマス・J・キルクライン中将は，「海軍航空隊にとって新たな章の始まりだ」と述べた。さらに，「F-35Cは空母打撃群の司令官に，現用機では対応できない広範囲の脅威に対抗し，作戦どおりの筋書きで勝利するためのかつてない能力を提供する」とつけ加えた。

F-35Cは550億ドルという大規模な統合打撃戦闘機のシステム開発・実証（SDD）飛行試験計画に参加していた。2018年4月11日にF-35C試験機CF-02が2,000ポンド（907kg）のGBU-31統合直接攻撃弾とAIM-9Xサイドワインダー空対空ミサイルを外装して負荷データを収集する任務を完了し，この計画は正式に終了した。

アメリカ海軍の計画では，F-35Cはブロック3Fのソフトウエアで2018年8月から2019年2月の間に初期運用能力を達成することになっている。しかし，統合打撃戦闘機部隊総合ディレクターのデール・ホラン少将によると，「初期運用能力は能力と種目を叩き込むのであり，日付に駆り立てられるものではない」と

「第101戦闘攻撃飛行隊分遣隊の最終データを見ると，ボルターやアプローチに失敗してパスしたりせず，どうやって正確に着艦するかに関して，目を見張るものがある」

アーネスト・アンダーソン中佐

いう。その結果，初期運用試験評価の完了が2019年2月以降にずれ込む可能性がある（実際は2019年2月に達成）。

ユニークな試験

F-35Cの開発試験の作業は，メリーランド州パタクセント・リバー海軍航空基地を拠点として，第23航空試験評価隊“ソルティードッグス”とロッキード・マーチンの下にある統合試験チームによって行われた。この試験では飛行可能な速度と荷重や高度の範囲に余裕をもたせるとともに，F-35Cに特有な空母からの発着艦が含まれており，地上にマーク7制動装置を設置して行われた。作業の初期に，F-35Cのアレスティング・フック・システム（AHS）に重大な設計上の問題が見つかった。実際，ニュージャージー州マクガイア・ディクス・レイクハースト統合基地にある海軍航空戦センター航空機部門（NAWCAD）の施設で行われた初期段階の機体拘束試験では，8回の試行でマーク7のフックは一度も成功しなかった。

2010年6月6日，ロッキード・マーチンのテスト・パイロット，ジェフ・ノウルズがCF-01の初飛行で離陸した。（©ロッキード・マーチン）

この時点でアレスティング・フックはケーブルに噛み合わず飛び越えていってしまった。2013年10月までにアレスティング・フックが改良され，2014年1月に試験機CF-03で成功した。

また，レイクハーストとパックス・リバーの両基地で蒸気カタパルトによる射出が完了し，続いて滑走路を空母の甲板に見立てた陸上での空母離着陸訓練（FCLP）が行われた。最後は試金石となる洋上試験で総仕上げをする。

2014年11月3日，F-35Cが初めて空母に着艦した。最初に空母「ニミッツ」（CVN-68）に着艦したのは，トニー・“ブリック”・ウィルソ

2014年の開発試験Ⅰで第23航空試験評価飛行隊のF-35C（CF-03）が，信号士官の合図にしたがって「ニミッツ」からカタパルト射出の準備をしている。（©アメリカ海軍／エリ・K・ビュジュイ報道官）

2011年9月26日，CF-03が初めての蒸気カタパルトによる射出に備えている。（©ロッキード・マーチン）

ン中佐が操縦する第23航空試験評価飛行隊のF-35C（CF-03）で，次はテッド・“ダッチ”・ダイクマン少佐が操縦するCF-05だった。この2機は南カリフォルニア沖での作戦のために，パックス・リバー基地からアリゾナ州ユマ海兵隊航空基地に前方配備されていた。

この試験は比較的穏やかな条件でF-35Cが最初に海上で行った開発試験Ⅰの段階で，満足すべき成功を収めた。これは，F-35Cを空母に搭載して行う予定だった3回の海上試験のうち最初のものだった。

統合試験部隊（ITF）では海上で2週間にわたり，甲板上の異なる風速や横風のなかで，さまざまなカタパルト射出やアレスティング・フックを使った回収を実施した。空母での試験がやや遅れた主な理由の一つである尾部のフックは設計し直され，問題なく機能した。

第23航空試験評価飛行隊の着艦信号士官クリス・カラポストールズ大尉は，ネイビー・タイムズ紙の取材に対して，F-35Cはより早くスムーズにアプローチを調整できるので，理想的な着陸である三本目のワイヤーにフックがかかる可能性が高

2011年8月，ニュージャージー州マクガイア・ディクス・レイクハースト統合基地でF-35C（CF-03）がカタパルト射出試験に従事している。（©ロッキード・マーチン）

超音速フラッター試験を終えたCF-01が，メリーランド州パタクセント・リバー基地に近い沿岸試験区域を通過する。（©ロッキード・マーチン）

開発試験Ⅰの試験で，F-35C（CF-03）が空母「ニミッツ」に勢いよく着地する。（©ロッキード・マーチン／アンディ・ウルフ）

くなると説明している。2014年11月13日の時点で，102回のカタパルト射出と104回のアレスティング・フックによる着艦を完了し，開発試験Ⅰで予定されていた閾値《いきち》の95％を満たした。開発試験Ⅰの試験はとても順調で，出航前に夜間運用の開始も検討された。

2015年10月9日，ノーフォークにある空母「ドワイト・D・アイゼンハワー」（CVN-69）で2度目の海上活動が終了した。ここでもCF-03とCF-05が乗艦するため，10月2日に空母に到着した。

2機は開発試験Ⅱの下で8日間，昼夜にわたり空母での運用能力を実施した。

海上でF-35Cの適合性と統合性を見るために整備作業をシミュレーションし，整備全般と機体と支援機器の適合性を含めた開発試験Ⅱが行われた。さらに，第3世代のヘルメット・マウント・ディスプレイを評価し，それを使った初の夜間海上飛行も行われた。

リスクの高い飛行を含んだ評価試験に5人のテスト・パイロットが臨んだ。試験には飛行速度を落とした離陸能力や，燃料を満載し不活性化した2,000ポンド（907kg）GBU-31統合直接攻撃弾1発とAIM-120先進中距離空対空ミサイル2発を内部兵器ベイに搭載した，全備重量55,000～60,000ポンド（24,948～27,216kg）の搭載が含まれていた。また，改良されたジェット・ブラスト・ディフレクター*が装備された艦首にある2基のカタパルトを使い，アフターバーナーをフルパワーにして離陸した。試験では，悪天候での精密な接近と着陸を可能にするための統合精密進入着陸装置も評価

＊ 航空機のジェット噴射から甲板上の人や物を護るための起倒式の遮蔽《しゃへい》装置。

GBU-12とAIM-9Xを外部に満載した，試験中のCF-05。（©ロッキード・マーチン）

2018年3月19日に行われたシステム開発・実証の最終飛行で，クリス・タバート少佐が外部に統合直接攻撃弾を搭載し，射出準備をしている。（©アメリカ海軍／アーネル・パーカー）

された。空母では最大40ノット（74km/h）の横風で試験を行った。

2016年8月14日，バージニア州沖で空母「ジョージ・ワシントン」にF-35Cを搭載して開発試験Ⅲが始まった。

この試験では，GBU-12レーザー誘導爆弾やAIM-9Xサイドワインダーなどの外部兵装を用いた発進・回収を含む600以上の試験項目が実施された。そのなかではさらに外部兵装を左右対称および非対称にした空母への接近操作の性質，着艦アプローチのデルタ・フライト・パス（DFP）モードの試験，統合精密進入着陸装置の試験，横風および最大重量での発艦などが行われた。

就役

アメリカ海軍は空軍や海兵隊に比

2014年の開発試験Ⅰで，空母「ニミッツ」に模範的な着艦をするCF-03。（©ロッキード・マーチン／アンディ・ウルフ）

トニー・“ブリック”・ウィルソン中佐が操縦するCF-03。フックを引っ込めて，“ボルター”で「ニミッツ」に着艦する準備をしている。（©ロッキード・マーチン／アレキサンダー・ブローブス）

開発試験Iの空母試験で撮影されたこのショットからは，F-35Cの翼面積が増加したことが一目瞭然だ。（©アメリカ海軍／エリ・K・ビュジュイ報道官）

べて，新しい戦略を導入することに慎重だ。2013年6月22日，フロリダ州エグリン空軍基地にF-35Cコールサイン“ガンファイター11”が着陸し，第101戦闘攻撃飛行隊“グリム・リーパーズ”が最初の機種転換飛行隊として第一歩を踏み出した。第101戦闘攻撃飛行隊のF-35Cにとって最初の任務は，8月14日にエグリン基地から飛行することだった。これは太平洋艦隊海軍航空軍司令官のデビッド・バス中将がこの飛行隊に暫定的ながら飛行の安全性を認めたからだ。

この部隊は教官パイロットの初期訓練を始め，空母着艦資格取得の概略作成にも着手し，開発試験Ⅲの最終段階で飛行隊の試験が行われた。

第101戦闘攻撃飛行隊は空母に乗艦する前の数週間，ミシシッピ州メリディアン海軍航空基地の陸上空母離着陸訓練で跳躍飛行“バウンシング”を始めた。

その後，8月14日にF-35Cの四つの飛行隊がエグリン基地から直接，空母「ジョージ・ワシントン」に乗り込み，最初の艦隊パイロットとして空母着艦資格取得訓練を開始した。パイロット15人のうち，12人が空母に配備された。“グリム・リーパーズ”の着艦信号士官を率いるグラハム・クリーブランド大尉は，次のように述べている。

「みんながここまでやってくれるとは最高だ。乗艦から24時間も経たないうちに，全員が一度も“ボルター”*を起こさずに資格を取得した。着艦信号士官から，悲鳴にも似た声が聞こえてくることもなかった。アレスティング・ワイヤは二本目，できれば三本目をキャッチするのが好ましいが，安全性の低い一本目だけというパイロットは誰もいなかった。また，安全性に欠けたことによる着陸のやり直しも見られなかった。

F-35の新技術が大いに役立った。デルタ・フライト・パスは，アメリカ海軍がロッキード・マーチンと緊密に協力して開発した。これは着地前の最後の数秒間，精密な飛行段階を部分的に自動化している。デルタ・フライト・パスがない場合，パイロットは着地までの18秒間にスロットル，操縦桿，ラダーの微調整を平均で200 ～ 300回行う。デルタ・フライト・パスは，同時に開発されたF/A-18ホーネット用のソフトウエア“マジック・カーペット”と同様に，パイロットが行うこの調整を平均でわずか20回にまで劇的に減らす。今後は10回を切ることも期待される」。

クリーブランド大尉は「デルタ・フライト・パスにより，私たちは陸上空母離着陸訓練を4 ～ 6日間に短縮した。海軍が，必要な日数を6日にすると期待している」と言う。

初期運用能力への道

カリフォルニア州チャイナレイク海軍航空戦基地に司令部を置く第9試験評価飛行隊“バンパイア”は，アメリカ海軍の運用飛行試験の中心地として長い歴史をもつ。

同飛行隊のエドワーズ分遣隊は，2018年末に空母型F-35を初期運用試験評価に投入する任務を担っている。このエドワーズ分遣隊は，6機のF-35Cと人員約130名を擁《よう》している。同基地のアメリカ空軍および海兵隊，イギリス，オランダの運用試験担当者と同様に，エドワーズ分遣隊もF-35統合運用試験チームで重要な地位を占めている。

エドワーズ分遣隊の副長アーネスト・アンダーソン中佐は，「私たちは初期運用試験評価の開始に向けて，F-35Cの飛行時間と経験を積み重ねる段階にある。現在の飛行はすべて，試験で成功するために必要な知識や技能の訓練に集中させている」と言う。

正式な開始時期はまだ決まっていないが，春の終わりから初夏にかけてが最も可能性が高いというのが大方の意見だ。これは，正式な運用評価の開始を可能にするため，関連する開発試験の活動が完了してから動き始める。

「チャイナレイクには報告するが，基本的にはここで独自の飛行隊として活動している」と，アンダー

* 着艦フックをすべてのワイヤーに引っかけそこなうこと。

左上：開発試験Ⅰの空母試験で，第23航空試験評価飛行隊のテスト・パイロットと通話する同飛行隊の着艦信号士官。（©ロッキード・マーチン／アンディ・ウルフ）

左下：2015年10月2日，空母「ドワイト・D・アイゼンハワー」に搭載されたF-35Cの試験機CF-03を船首カタパルトに誘導する。開発試験Ⅱの海上試験は，8日間にわたって行われた。（©ロッキード・マーチン／アンドリュー・マクマートリー）

ソンはつけ加える。

統合運用試験チームにおける分遣隊の位置づけについてアンダーソンは，「空軍や海兵隊，イギリス，オランダの仲間と一緒に，分隊や部隊として毎週のように飛んでいる。私たちは全員，F-35をテストするという同じ目標を目指しているが，それぞれの軍に関連するより具体的な分野もある。統合運用試験チームの下で初期運用試験評価に備えるなか，すべてがうまくいっている」と語る。

この重要な局面で，最新のブロック3Fのソフトウエアの使用許可が遅れており，まだ使えていない機能がある。「低率初期生産（LRIP）の初期ロットに属する古い機体には，ブロック3Fに対応するためにハードウエアやソフトウエアの変更が必要なものがある。分遣隊と同僚部隊の航空機が航空兵站センターに派遣

2013年6月，第101戦闘攻撃飛行隊最初のF-35Cがエグリン基地に到着した。（©ロッキード・マーチン）

第101戦闘攻撃飛行隊“グリム・リーパーズ”のF-35Cが，空母「ジョージ・ワシントン」からの射出に備えている。（©アメリカ海軍／クリス・R・リンドストローム報道官）

第９試験評価飛行隊エドワーズ分遣隊のF-35Cが，午前中の任務に向けてタキシングを行う。この航空機はエドワーズ基地の北側にある広大なR-2508複合区域を定期的に利用している。（©ジェイミー・ハンター）

され，修正を行う予定だ。分遣隊にとって，最終的に6機すべてをブロック3F構成にするのが初期運用試験評価の目標だ」。

アンダーソン中佐が言及している海軍の具体的な試験に空母がある。「去年（2017年）9月に分遣隊から最初のパイロットが空母着艦資格取得に合格し，現在第101および第125戦闘攻撃飛行隊の3人が資格取得を目指している。すでに複数の艦に分遣されているが，2018年夏には開発試験Ⅰ（艦艇で行われる最初の正式な運用試験）を実施する予定だ。そのために私たちは空母に乗艦し，特定の試験ポイントを実行して任務への適合性を評価する」と，アンダーソンは説明する。

通常，アメリカ海軍のパイロット

エドワーズ分遣隊の副長アーネスト・アンダーソン中佐。F-35Cに乗る前は，S-3バイキングや従来のホーネット，スーパーホーネットに乗っていた。（©ジェイミー・ハンター）

F-35Cでは翼面積を拡大して空母で運用するときの揚力を高め，さらに20,000ポンド（9,072kg）近い燃料を内蔵できるようになった。（©ジェイミー・ハンター）

エドワーズ分遣隊のF-35C（CF-08）は低率初期生産機のなかでも初めの頃の機体で，最新のソフトウエア規格に対応するため大幅に改造された。（©ジェイミー・ハンター）

F-35Cのパイロットとして初めて空母で着艦を成功させ，喜ぶトニー・“ブリック”・ウィルソン空軍中佐。（©アメリカ海軍／アイヤナ・S・パスカル報道官）

第101戦闘攻撃飛行隊のF-35Cが急勾配の分列で，空母上空の進入路に到着する。（©ロッキード・マーチン／トッド・R・マックイーン）

が初期資格を取得するには空母で昼間に10回，夜間に6回の発着艦を行う必要がある。夜間の射出と回収は，2014年11月の開発試験Ⅱでパタクソリバー統合基地の試験部隊によって最初に実証され，成功した。

アンダーソンは続ける。「夜に飛行場へ戻ってくるのと，艦に戻ってくるのとでは全然違う。（ヘルメットに装備された）暗視カメラは戦術的な環境でとても高い性能を発揮するが，夜間に空母のまわりを飛ぶのは特殊な状況だ。だから，改善してほしいことがある。実際のところ，

2016年8月，空母「ジョージ・ワシントン」の開発試験Ⅲで，外部兵装を搭載したテッド・ダイクマン中佐のCF-05。（©ロッキード・マーチン／マイケル・D・ジャクソン）

空軍のコリー・フロレンド少佐が第9試験評価飛行隊のF-35C（CF-08）を操縦し，チャイナレイク海軍航空兵器基地の射爆場でGBU-31を投下する。（©ロッキード・マーチン／チャド・ベレー）

第101戦闘攻撃飛行隊は，2018年3月に空母「エイブラハム・リンカーン」で行われた空母資格を取得するため，折畳翼をテストする。（©アメリカ海軍／ピーター・トンプソン2等兵曹）

空母「エイブラハム・リンカーン」の甲板で待機する，第125戦闘攻撃飛行隊“ラフ・レイダーズ”のF-35C。（©アメリカ軍／ジュアン・クバーノ報道官）

ヘルメットに表示される記号が薄暗いのをどうするかだ。海軍の連中には評判が悪い。夜になるとコックピットにある照明をすべて暗くし，ヘルメットのシールドを開けて夜目に慣らすようにしている。これは，バイザーの（フレネル）レンズで着陸地点を見るためだ。デルタ・フライト・パスのおかげで，F-35Cは空母への着艦がとても容易になった。第101戦闘攻撃飛行隊分遣隊の最終データを見ると，ボルターやアプローチに失敗してパスしたりせず，どうやって正確に着艦するかに関して，目を見張るものがある」と言う。

第23航空試験評価飛行隊の開発試験パイロットであるトニー・ウィルソン中佐は言う。「デルタ・フライト・パスは，航空機の飛行制御に革新的な飛躍をもたらしている。これを指示することで，F-35はグライドスロープ*の電波を捉えて機体を維持できるので，パイロットの負担が大幅に軽減され，空母にアプローチするときの安全性に余裕が増し，着地のばらつきが抑えられる」。

これにアンダーソンがつけ加える。「航空機が艦の速度と甲板上の風速をわかっている。パイロットは真っすぐに飛ぶだけでよく，航空機がグライドスロープの修正をサポートするんだ」。

空母への最終アプローチ段階で，パイロットの入力レベルが目立って減っていることが試験で明らかになった。これは航空機を運用する空母の将来に大きな意味をもつ。

* 適切な進入角度を指示する着陸誘導装置。

F-35Cに搭載された新型のデルタ・フライト・パスは，空母へのアプローチの初期段階におけるパイロットの作業量を劇的に減らした。（©アメリカ海軍／ブライアン・M・ウィルバー報道官）

第147戦闘攻撃飛行隊のデイブ・“ストロークス”・ヒンクル少佐が，リーモア海軍航空基地でF-35Cの初飛行に備える。（©ロッキード・マーチン）

「パイロットはこれまでに比べて，“注意”を払う手間が半分ですむようになり，自信をもって艦に向かえるようになった。初めてのパイロットにとっても，準備にかかる時間が減ったのは間違いない」と，アンダーソンは言う。

より短期的には，この航空機が海で作戦に適しているかどうかの確認が第9試験評価飛行隊にかかっている。カタパルト射出の際に吸気口から金属片がこぼれ落ちたらどうしようもなく，F-35Cが艦上で動力を失うとたいへん危険だ。だが，アンダーソン中佐は緊急時の意思決定が変わるだけだと言う。

長時間の巡航飛行で低観測性コーティングを維持することにも，同様に問題がある。アンダーソン中佐は，それが考え方を変える重要なポイントだと言う。彼は低観測性技術の完全さについて，「どこで，どのように航空機を飛ばすかという判断を変える。スーパーホーネットでも，同じような経緯があった。いかにしてきれいに保つか，どうやって艦上で整備するか，F-35はこれまでの世代を超えている。海水の近くで運用する航空機に共通していえることだが，F-35を艦上で整備するのは心配だ。海軍では腐食対策をとても重視している」と述べている。

アンダーソン中佐は任務の戦術的側面を見ると，空軍や海兵隊のほうが長く飛行しており，多くの経験を積んでいると認めるが，それはスケジュールの性質にすぎないと言う。「私たちは戦闘機の統合に取り組んでおり，トップガン[*1]や海軍航空戦開発センター（NAWDC）と連携するためにファロン海軍航空基地に二つの分遣隊を完備させ，初期運用試験評価で海軍の今後の戦術開発を支援する。私たちは多角的に見ている。F-35Cは空母航空団に深層攻撃作戦能力を加えるが，さらに敵防空網制圧（SEAD）や攻撃的対空（OCA），防御的対空（DCA）も行う」。

部隊の拡大

2016年12月1日，第125戦闘攻撃飛行隊“ラフレイダーズ”が西海岸の訓練飛行隊として，カリフォルニア州リムーア海軍航空基地で再活性化し，翌年1月25日，最初のF-35Cを4機受領した。第101戦闘攻撃飛行隊“グリム・リーパーズ”が，ネバダ州ファロン基地で艦隊補充飛行隊や海軍航空開発センターの教官として事前に訓練を続ける一方で，第125戦闘攻撃飛行隊に新人パイロットがやってきた。

空母「エイブラハム・リンカーン」（CVN-72）は2017年12月7日から11日にかけて，第101・第125戦闘攻撃飛行隊に所属する9人のパイロットと，第9試験評価飛行隊“バンパイア”の空母着艦資格取得を実施した。これには初めてとなる統合精密進入着陸装置の運用設定と自動兵站情報システムの使用が含まれる。また，資格取得の過程では，悪天候のなかで統合精密進入着陸装置が運用された。これ以前にF-35Cが統合精密進入着陸装置を使用したのは開発試験のときだけだった。

二つの訓練飛行隊を受け入れた空母「エイブラハム・リンカーン」では，2018年3月17日から21日にかけて初期運用試験評価を想定し，着艦装置を使った昼夜の資格訓練を140回行った。アメリカ海軍のF-35C統合打撃戦闘機部隊総合ディレクターのデール・ホラン少将は，次のように述べている。「個人的にも興味深いが，職業的にもこの航空機がほかの航空機と一緒に飛行しているのを見るのはこれまでにないことで，本当にすばらしい。以前は，空母着艦資格取得をすべてF-35だけで展開させていた」。

空母着艦資格取得の進化にとって大きな節目となったのが，F-35Cの折畳翼の運用だった。

今回の空母着艦資格取得でF-35Cの資格を得た第101戦闘攻撃飛行隊所属のパイロット，ニック・レゼンデス少佐は，「私の前のプラットフォームはホーネットで，3年間飛行した。海軍の最新航空機に乗り替えたかったし，今では残りのキャリアをこのまま続けてもかまわないと思っている」と，語っている。

一方，第147戦闘攻撃飛行隊“アーゴノウツ”は，2018年4月18日にリーモア基地でF-35Cの初飛行を終えた。操縦桿を握ったのはデイブ・“ストロークス”・ヒンクル少佐だ。“アーゴノウツ”はアメリカ海軍初のライトニングⅡ飛行隊として，F/A-18Eスーパーホーネットから F-35Cに移行した。この部隊は2017年12月，第11空母航空団の一員として空母「ニミッツ」（CVN-68）で6カ月の配備を終えたのち，移行を開始した。

第147戦闘攻撃飛行隊は，第125戦闘攻撃飛行隊や工場から航空機を受け入れており，2018年末までに移行を完了する予定だ。“アーゴノウツ”は2019年初頭に初期運用能力を宣言し，空母「カール・ビンソン」（CVN-70）への配備に向けて，2021年までに空母航空団との統合を目指す。また，数は未確認[2]だが，アメリカ海軍はF-35Cを2021年以降に日本の海兵隊岩国航空基地に配備する予定だ。この航空機は第5空母航空団[3]の一部として空母「ロナルド・レーガン」（CVN-76）で運用されている四つの飛行隊のうちの一つで，F/A-18E/Fと置き換わることになる。

＊1 アメリカ海軍戦闘機兵器学校の通称。
＊2 2021年4月時点で，16機の配備が予定されている。
＊3 地上部隊を厚木航空基地と岩国基地に置いている。空母航空団としては唯一，アメリカ本土以外に基地をもつ。

空母の甲板上でフル装備のF-35C。空母航空団の未来形だ。（©ロッキード・マーチン／マイケル・D・ジャクソン）

第8章　運用国のプロファイル

オーストラリアの野望

2018年5月22日，オーストラリア空軍のF-35A（A35-006）がルーク基地に到着した。飛行後のチェックを受けている同機の垂直尾翼には，すでに第2運用転換部隊のマークがつけられている。（©アメリカ空軍）

オーストラリア政府は，2009年にロッキード・マーチンの事業参加を含むF-35Aの選定を発表した。2018年現在，オーストラリア空軍には国内のウィリアムタウン空軍基地とティンダル基地に三つの運用飛行隊があり，ウィリアムタウン基地の訓練飛行隊に72機のF-35Aを導入すると決めている。また，アンバリー空軍基地に四つ目の飛行隊の設置が検討されており，これでF-35Aは計100機になる。

2018年5月22日，オーストラリア向けの6機目となるF-35A（機体番号A35-006／製造番号AU-06）

オーストラリア空軍ウィリアムタウン基地に駐留する，初のライトニングⅡ運用部隊の第3飛行隊マークをつけたF-35A，A35-003号機。（©ネイト・レオン）

1. オーストラリア

オーストラリアは，F/A-18A/Bホーネットの後継機として最大100機の購入を決めたF-35の強力な支持者だ。

が，テキサス州フォート・ワースの工場からアリゾナ州ルーク空軍基地に飛び，オーストラリア側に納入された。

　このF-35Aは，ルーク基地でアメリカ空軍の第61戦闘飛行隊とともにオーストラリア空軍のパイロット訓練ですでに飛行しているほかの5機と合流した。ロッキード・マーチンは，2018年末までにロット10の生産分からさらに4機を納入する契約を結んでいる。

　2018年12月，オーストラリアで運用される第一陣の2機が現地に到着した。最初の運用部隊となる第3飛行隊は，2021年に初期運用能力を宣言する予定だ。

オーストラリア空軍のF-35A（一番奥）がパイロットと整備員の訓練のために，ルーク基地のアメリカ空軍F-35Aと並んで飛行している。（© ジェイク・メランピー）

オーストラリア空軍の長期計画では，100機のF-35Aを導入する予定だ。（© ロッキード・マーチン／リズ・ルッツ）

アディール“全能者”を戦闘へ

イスラエル空軍はF-35Aに積極的で，最初に戦闘任務へ就かせた。

当初，イスラエル空軍はF-35計画に関わるつもりはなかった。1995年に画期的な改修型F-15Iラームを購入したイスラエルは，F-22ラプターの最初の輸出国に都合よくなれると考え，F-35のパートナーにはならないと決めた。イスラエルがF-35Aに注目したのは，アメリカ国防総省がラプターの輸出に扉を閉ざしたあとだった。

イスラエルで行われたデモンストレーションで，黄金色に照り映えるF-35I。
（©イッサカル・ルアス）

右：ネバティム空軍基地でアディールの初飛行を終えたイスラエル空軍のボス，アミール・エシェル少将（現在は国防省局長）と基地司令官エヤル少将。
（©イスラエル空軍／セリア・ガリオン）

2. イスラエル

イスラエルは第５世代のF-35を戦闘に使用した最初の国であり，“中東全域”で作戦任務を遂行している。この写真は，2016年12月に飛行した初の作戦任務のものである。（©イスラエル空軍／オフェル少佐）

イスラエルは，いわゆるF-35I型（F-35Aに相当）を50機という要求を中心に，ライトニングII計画に参加した。イスラエル初の第5世代“ステルス”部隊には，2013年までF-16Aを運用していた第140飛行隊“ゴールデン・イーグル”が選ばれた。設立以来，F-35を装備する同部隊は秘密のベールに包まれており，飛行隊長の名前がヨータム中佐であること以外，詳細はほとんど明らかになっていない。F-35はイスラエル空軍の司令官アミール・エシェル少将によって“アディール”と命名された。これはヘブライ語で“全能者”という意味だ。

2016年12月12日，イスラエルはイタリアに遅れること数時間で三番目のF-35輸入国となったが，F-35がネバティム空軍基地に数時間遅れて夜に到着し，盛大な歓迎式に水をさした。

この寒い12月の夜以来，イスラエル空軍の新型機は相次いで画期的な出来事を成し遂げてきた。イスラエルに2機が到着してわずか16時間後には運用が始まった。機体番号901はヨータム中佐が操縦し，902はその後F-16Iと編隊を組んで合流した。イスラエル空軍はアディールが到着してから1年以内に初期運用能力を達成するという目標を掲げ，その能力向上を進めた。2017年1月15日には初の夜間任務が実施され，その後数カ月間で空軍のボーイング707ラームとの空中給油，出撃訓練では兵器と弾薬の使用，ほかの空軍基地への前方配備を完了した。2017年中に空軍は三つのバッチで，さらに7機を受け取った。一方，海外メディアの報道によると，F-35Iは最初に納入されてから1カ月後には早くも戦闘に使用されたという。その証拠はないが，大筋ではこの空軍がいかに積極的であるかを示している。濃密な1年を経て，2017年12月の第一週には重要な検査により，アミカム・ノーキン大将がF-35の輸出国では最初となる初期運用能力を宣言した。

ノーキン大将は2018年5月の第一週に，アディールが実際に兵器を装備して戦闘行動を展開したと意味ありげに認めた。それ以上の詳細は発表されなかったが，イスラエルにとってのこれらの資産の重要性と，問題の多いこの地域での有用性が確認された。　**イッサカル・ルアス**

2016年6月22日，ロッキード・マーチンがフォート・ワースでイスラエル向けF-35（901/AS-01）の１号機を公開した。（©ロッキード・マーチン）

2016年12月12日，ネバティム基地に最初のF-35ペアが到着した。（©イッサカル・ルアス）

ライトニングⅡのヨーロッパ中枢

イタリアはF-35AおよびBの両タイプを運用することになっており，産業面でもかなりの利益を確保している。

イタリアの産業界は，これまでに17億ドルのF-35製造契約を確保しているが，この数字については計画期間中に99億ドル以上もの大幅な増加が予想されている。ロッキード・マーチンとそのパートナーは，数十社のイタリア企業と100件以上の契約を結んでいる。イタリア北部にあるカーメリFACOでは，エンジンを現地生産しており，1,200人以上の従業員が働いている。この施設はレオナルド社がロッキード・マーチンと共同で運営し，イタリア軍のF-35を生産しているが，現在ではオランダ向けのF-35Aも製造しており，ヨーロッパにおける本格的な補修や整備の中心的な役割を担うことになる。

イタリアは合計90機のF-35を調達する予定で，空軍がF-35Aを60機とF-35Bを15機，海軍がF-35Bを15機，それぞれ導入する予定だ。

2015年9月7日，イタリアで生産された最初のF-35AであるAL-01が初飛行し，続いて2016年2月5日には，アメリカのメリーランド州パタクセント・リバー海軍基地に向けて大西洋横断が行われた。

2016年12月，イタリア空軍初のF-35Aが，イタリア南部のアメンドーラ空軍基地に到着し，運用を開始した。第32航空団に配備されたF-35Aは，2018年3月1日に初期運用能力を達成した。同じ日に最初の5機が空域監視部隊（SSSA）に加わり，正式に国の防空システムの一部となった。このF-35Aはまだクイック・リアクション・アラート（QRA，準備完了）の状態ではない

が，必要に応じて任務を遂行するAIM-120C-5空対空ミサイルを含む標準的な従来の積載量（SCL）を搭載できる。第32航空団はF-35Aの運用とともに，空軍のプレデターの運用，訓練，技術活動を行い，この無人機の遠隔操縦士をアエルマッキMB339高等練習機で訓練している。

F-35B

2017年5月5日，イタリア製のF-35BライトニングⅡ初号機BL-01（シリアルナンバーMM7451）が，カーメリFACOで公開された。この機体は10月25日に初飛行し，同月30日に行われた3回目の最終承認飛行では，STOVLモードで初めて滑走路上をホバリングした。2018年1月31日には，統合戦場シミュレーション試験施設で3カ月の電磁環境影響認証検査を受けるため，パタクセント・リバー海軍航空基地まで飛行した。

2018年3月1日に第32航空団が初期運用能力を宣言し，イタリアはヨーロッパの空軍で初めて統合打撃戦闘機を運用することになった。（©ロッキード・マーチン）

2018年1月にパタクセント・リバー基地に到着したイタリアのF-35B（BL-01）。（©アメリカ海軍／デーン・ウィードマン）

カーメリFACOでつくられたF-35A（AL-01）。アメリカ以外で初めて製造されたF-35である。写真は2016年2月5日，パタクセント・リバー基地に到着したところ。（©ロッキード・マーチン）

三沢の主《マスター》

ルーク空軍基地で初期訓練を開始した航空自衛隊が，三沢基地にF-35の移動を開始した。

日本の防衛省，在日アメリカ軍，太平洋空軍，ロッキード・マーチンは，2018年2月24日，三沢基地に納入された航空自衛隊（JASDF）最初のF-35Aを正式に公開した。国内で初めてF-35Aを運用する部隊は航空自衛隊第3航空団であり，1月26日，シリアルナンバー89-8706（AX-06）が基地に到着していた。

さらにアリゾナ州ルーク空軍基地で訓練を受けた残りの5機が，5月28日に三沢へ到着し引き渡された。この5機はライトニングII 69-8701（AX-01，アメリカ空軍14-5114），69-8702（AX-02，同14-5115），79-8703（AX-03，同14-5116），79-8704（AX-04，同14-5117），79-8705（AX-05）である。

これらは，2017年12月1日に三沢基地で新編された臨時F-35A飛行隊に編入された。茨城県百里基地の第302飛行隊は使用していたファントムを廃止し，2018年3月26日に三沢基地で臨時F-35A飛行隊を引き継いで再編された。

ルーク基地から飛来した5機のF-35Aは，すでに三沢基地に1月26日と5月15日に到着していた航空自衛隊の2機[*1]（89-8706／AX-06と89-8707／AX-07）と合流した。これで三沢基地に配備されたF-35Aは7機になった。2018年度にはさらに3機が納入されて10機となるが，防衛省は最終的に42機の調達を予定[*2]している。航空自衛隊はF-35Aを20～25機追加することを検討していると報じられている。また，短距離離陸・垂直着陸型（STOVL）のF-35Bの購入や多目

初飛行を終えて，フォート・ワースに戻るAX-01。（©ロッキード・マーチン／ベス・スチール）

4. 日本

2016年8月24日，テキサス州フォート・ワースのF-35工場から初飛行に成功した航空自衛隊のF-35A初号機。このAX-01はロッキード・マーチンのF-35テスト・パイロット，ポール・ハッテンドルフが操縦した。（©ロッキード・マーチン／リズ・ルッツ）

的空母の導入なども提案されている。この空母は防衛目的のみで運用され，病院船としての役割も果たせる。

海上自衛隊の「いずも」型ヘリ護衛艦2隻の改造も，選択肢として挙げられている。この提案は日本の防衛力の質と量を向上させるために，政府が5年ぶりに見直しを行う「防衛計画の大綱」の一部で検討されているものだ。日本政府は北朝鮮の核ミサイル開発と，中国の軍事力増強および海洋進出の増大がもたらす安全保障上の危機を懸念している。

上：2018年3月14日，航空自衛隊のF-35Aシリアルナンバー 69-8701（AX-01，アメリカ空軍14-5114）がルーク基地に着陸した。日本のF-35を基地から出発させ，次に来る韓国のF-35部隊の場所を確保した。（©ネイト・レオン）

下：航空自衛隊のF-35Aシリアルナンバー 89-8706（AX-06）が，三沢基地の到着式で駐機整備区域の所定位置についた。（©アメリカ空軍／ベンジャミン・W・ストラットン1等軍曹）

＊1 この2機は，三菱の名古屋FACOで初めて日本国内での最終組立が行われた。

＊2 2018年12月，防衛省はさらに105機（うち42機はF-35B）を購入する方針を閣議決定（従来の機体との入れ替え）し，計147機となった。アメリカ政府は2020年7月にこの105機の売却を承認した。

ライトニングⅡの先駆者

オランダは，F-35の運用国としては最も規模が小さいが，計画の初期段階から重要な役割を果たしている。

オランダ空軍は，エドワーズ基地で2機のF-35Aを運用試験任務に就かせている。（©フランク・クレバス／ Bluelifeaviation.com）

5. オランダ

現在，オランダ空軍（RNLAF）は，カリフォルニア州エドワーズ空軍基地で2機のF-35Aを運用しており，統合運用試験チームの傘下で初期運用試験評価に参加している。2019年以降，35機のF-35Aが追加で納入され，最終的にF-16と置き換えられる。

オランダはイタリア以外で唯一となるF-35の次席パートナー国であり，システム開発・実証段階に8億ドルを投資した。これにより，地元オランダの航空宇宙産業はF-35全機のドアや配線，F-35Cのテールフックなど，高度な部品

の開発に参加する機会を得た。

また，初期運用試験評価への参加も，次席パートナーのメリットだ。これによりオランダ空軍は，2019年にライトニングⅡの初号機がレーワルデン空軍基地に納入される前に，この航空機について学び，望みどおりに能力を微調整できるようになった。

オランダのF-35A初号機F-001/AN-01は，2013年にオランダ空軍に納入された。F-001は低率初期生産3，F-002は低率初期生産4のバッチ機である。両機はほぼ同一の機体で，現在はブロック3F規格に更新されている。この2機は，エドワーズ基地でオランダのF-35運用を統括するアルバート・“ヴィダル”・デ・スミット大佐の指揮の下，第323試験評価飛行隊が運用している。

大西洋横断

2016年5月，F-001とF-002がオランダ国内全域で行われる試験に参加するためアメリカから飛行するという，F-35にとって初の大西洋横断が実現したのは，オランダにとってこれまでにない画期的な出来事だった。アメリカ以外で初の航空ショーにも参加するなど，非の打ちどころのない派遣をすませた2機はエドワーズ基地に戻った。

今回の運用試験について，デ・スミット大佐は次のように述べている。「作戦面では敵防空網制圧・破壊（SEAD/DEAD）任務をどのように実行するか，認識を深めるように努めた。F-35はオランダ空軍に新しい役目をもたらした。また，近距離航空支援のようなとても馴染みのある任務の概念を，どのように遂行するかについても考察している。第5世代の技術を最大限に生かすために戦術を練っているところだ。合成開口レーダーは，天候に左右されずに遠距離からレーダー画像をつくれる。これは近接航空支援任務のまったく新しい側面であり，標的を見つけて確認する新たな方法を提供することによって，統合端末攻撃統制官（JTAC）とパイロットのやりとりを一変させるだろう」。

2016年5月，オランダにとって最初の2機が，現地での試験とデモンストレーションのためにレーワルデン基地に飛来した。

5. オランダ

オランダのF-35が飛行中に，デモンストレーションで内部の大型兵器ベイを開く。

エドワーズ基地上空を飛行する２機のオランダ空軍F-35Aの運用試験機。

オランダ空軍は，アリゾナ州ツーソン（デビスモンサン空軍基地）の訓練飛行隊に駐留する自国のF-16とF-35Aの相互運用性を試みた。

一方，オランダ空軍内部では2019年に到着するF-35初号機に向けた調整が進められている。2018年夏には，F-35の教官パイロットの初期幹部がルーク基地に移動して訓練を受ける。オランダ空軍の分遣隊は，第308戦闘飛行隊“エメラルドナイツ”に編入され，ルーク基地で四番目となる正式な訓練部隊として立ち上げられる。オランダ空軍は初めに自軍の航空機を最大で8機，ルーク基地に配備し，現地の機数に充てるつもりだ。この分遣隊にとって最初のオランダ機（F-003/AN-03）は，2019年初頭にフォート・ワースから納入される予定だ。

レーワルデン基地に到着する最初の機体はF-009/AN-09で，これはイタリアのカーメリにある最終組立・検査施設からオランダ向けの初出荷となる。カーメリの生産ラインは，現在までにオランダが発注している残りの37機を供給する。

歴史あるオランダ空軍第322飛行隊は2019年11月，最初にF-35を受け取る運用部隊となる。レーワルデン基地では，F-35の受け入れ準備が順調に進んでいる。真新しいシミュレーター棟を含む新たなインフラが建設されている。

フランク・クレバス／
Bluelifeaviation.com

オランダのパイロット訓練はアリゾナ州ルーク空軍基地で行う手はずになっており，2019年には最初のオランダ空軍機が到着する予定だ。

5. オランダ

試験中にエドワーズ基地から垂直上昇するF-001。

極寒の戦士

F-35計画に対するノルウェーの支持はゆるぎなく，運用面の準備を順調に進めている。

2018年2月，ブレーキ・パラシュートを展開して着陸するF-35A（5149）。これはノルウェー機に特化した改造である。（©ノルウェー空軍）

ノルウェーのF-35A（5207/AM-13）が，5月のオーランド基地納入前にフォート・ワースで試験を行っている。（©カール・リチャーズ）

6. ノルウェー

ノルウェー初のF-35A（5087/AM-01）と統合攻撃ミサイル（JSM）の展示。このミサイルはコングスベルグ・ディフェンス・アンド・エアロスペース社が設計・製造した空対地兵器で，脅威の大きい状況での長距離精密攻撃を目的にしている。（©ロッキード・マーチン）

5月22日，ノルウェー空軍のF-35A（5206）がオーランド基地に到着した。（©ノルウェー軍／トールビョルン・ショスヴォルド）

2017年11月3日，ノルウェー王国空軍（RNoAF）向け最初の運用機であるF-35A3機（5148/AM-08，5149/AM-09，5150/AM-10）が，フォート・ワースからの飛行を終えてオーランド空軍基地に到着した。2018年5月22日には，さらに3機（5205/AM-11，5206/AM-12，5207/AM-13）が続いた。

ノルウェーのF-35はアリゾナ州ルーク基地では第62戦闘飛行隊に所属し，シリアルナンバー5087/AM-01，5088/AM-02，5110/AM-03，5111/AM-04，5145/AM-05，5146/AM-06，5147/AM-07の7機が支援を受けて訓練に努めている。

ノルウェー政府は最大52機のF-35Aを購入する予定で，2018年から毎年6機を受け入れることになっている。次のライトニングⅡ 5208/AM-14は，5月29日にフォート・ワースで初飛行した。ノルウェー空軍は現在，自国の環境下で同型機の運用試験評価にとりかかっており，2019年末までに初期運用能力を，2025年には完全運用能力を目指している。

一方，F-35A（5149）は2018年2月16日にオーランド基地に着陸した際，初めて現地でブレーキ・パラシュート（ドラッグシュート）を使用した。この特別仕様の改造試験は2017年にカリフォルニア州エドワーズ空軍基地で始まっていた。最初の試験は濡れた滑走路で，その後アラスカの凍結した状況で行われた。今回のノルウェーの事例で初めて量産型のライトニングⅡに，このシステムが採用された。これまでの試験はすべて計器付飛行試験機AF-02で行われている。

韓国が仲間に加わる

韓国はF-35の飛行を始めたばかりだ。F-35は低迷する国産戦闘機計画を横目に，韓国空軍の能力を大幅に向上させる。

2018年3月19日，韓国空軍のF-35A初号機がテキサス州にあるロッキード・マーチンのフォート・ワース生産施設で初飛行し，その2日後に2機目が飛んだ。

韓国空軍は2021年までに40機のF-35A通常離着陸型（CTOL）を保有する予定で，この初号機シリアルナンバー18-001（AW-01）が最初に納入される。3月28日にフォート・ワースで行われた同機のロールアウト式典で，韓国の宋永武《ソンヨンム》国防部長官（2018年当時）は録音メッセージでこう語った。「F-35の配備は韓米空軍の統合運用を強化し，韓国空軍の地上作戦に対する支援能力の向上にはずみをつける」。

韓国には2018年中に6機のF-35Aが納入される予定だが，同機が最初となる。韓国はテキサス州フォート・ワースで製造される同型機を40機保有する予定だ。初号機はルーク空軍基地で引き渡され，韓国空軍のパイロットと整備員が訓練を開始する。複数のF-35が2019年には韓国に到着し，当初は清州《チョンジュ》空軍基地に配備される。

また，韓国は全長185mの強襲揚陸艦「独島《ドクト》」（LPH-6111）で運用するために，短距離離陸・垂直着陸型（STOVL）F-35Bの導入を検討しているといわれている。2020年8月にはF-35Aを20機，追加購入すると決定した。

2018年3月19日，F-35A（18-001）が初飛行を終え，フォート・ワースに戻ってきた。（©ロッキード・マーチン）

7. 韓国

ロッキード・マーチンの工場から初出撃する18-001。（©ロッキード・マーチン）

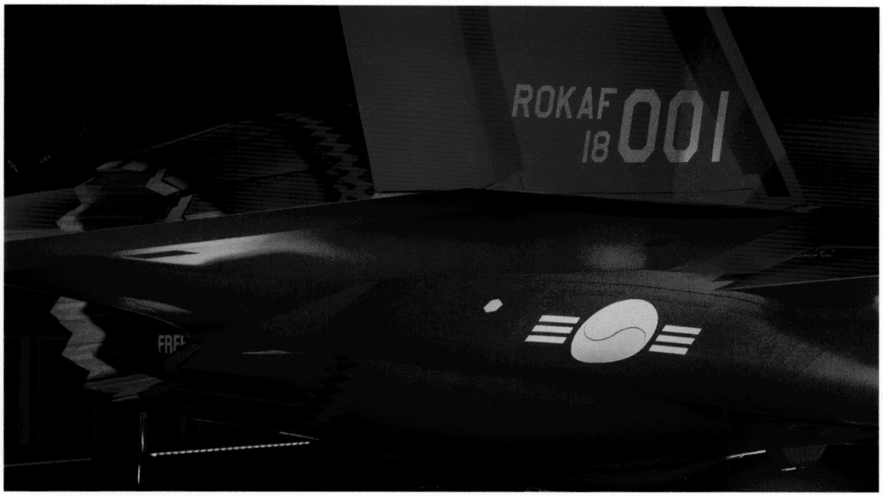

18-001号機の機体尾部。（©ロッキード・マーチン）

韓国空軍の2機目となったF-35A（18-002/AW-02）。（©カール・リチャーズ）

トルコとの緊張関係

トルコ空軍はF-35の主要な運用国になることを計画しているが，アメリカとの関係悪化により，連邦議会に納入阻止の動きが起こった。

2018年5月10日，ロッキード・マーチンのフォート・ワース工場で，トルコ空軍向けのF-35A初号機が初飛行した。このライトニングⅡを操縦したのは，アメリカ海軍のテスト・パイロット，トニー・ウィルソン中佐だ。シリアルナンバー18-0001（AT-01）の同機は14時47分に離陸し，16時00分に着陸した。

トルコは6月21日の式典において，アメリカから最初のF-35Aを公式に引き渡された。現在，トルコ空軍のパイロット二人がルーク空軍基地で訓練を受けており，2019年9月には2機のライトニングⅡが初めてトルコに到着し，エルハチ空軍基地の第171航空団“ケオレサン（海賊）”と第172航空団“シャヒン（鷹）”に配属される予定だ。

最終的にトルコは100機のF-35を必要としており，統合打撃戦闘機の主要なパートナー6カ国に加わっている。トルコ政府はこの計画の正式なパートナーであり，ヨーロッパでライトニングⅡを運用するすべての国のために，F135エンジンを整備する中心地に選ばれている。

一方，アメリカでは二人の上院議員が，トルコへのF-35譲渡を阻止する法案を作成した。この動きはア

8. トルコ

2018年5月10日，テキサス州フォート・ワースで初飛行したトルコのF-35A初号機AT-01。（©カール・リチャーズ）

メリカとトルコ両政府の関係が「急速に悪化」していること，およびトルコがF-35の機密情報をロシアと共有しているのではないかという懸念から生じている。トルコはF-35だけでなく，モスクワからS-400（SA-21グロウラー）長距離地対空ミサイル・システムも購入している。

2018年5月24日，アメリカ上院委員会は7,160億ドル規模の国防権限法（NDAA）政策法案を可決し，トルコへのF-35の売却・譲渡を禁止した。この禁止令はトルコがNATO（北大西洋条約機構）の相互運用性を低下させ，資産を敵対的行為者にさらし，NATO加盟国の一般的な安全保障を脅かしていないことをアメリカ大統領が確認できた場合にのみ解除される。

6月18日，アメリカ上院は今後トルコへのF-35の移動を阻止するという防衛政策法案を可決した。その後，上院予算委員会はトルコがS-400の購入を中止しなければ，今後F-35を納入しないという修正案を対外援助法案に加えた。

第9章　テスト・レビュー

資格試験

「F-35Bは操作性がよく，燃料がなくなるまでサンドイッチを食べながら艦艇のそばで完全にホバリングしていられる！」

F-35テスト・パイロット，ダン・キャニン

2018年4月上旬，システム開発・実証段階の最終外装試験でテスト・パイロット，ビリー・フリンが操縦するF-35C。（©アメリカ海軍／ロッキード・マーチン）

F-35計画は2018年4月11日にシステム開発・実証段階の最終開発試験飛行を完了した。これは，初期段階の主要な試験の集大成であり，この計画における最も重要な節目を意味する。

2018年4月11日，ライトニングII計画はメリーランド州パタクセント・リバー海軍航空基地で，F-35C（CF-02）が2,000ポンド（907kg）GBU-31統合直接攻撃弾とAIM-9Xサイドワインダー熱探知ミサイルを外装して負荷データを収集する任務を完了し，システム開発・実証段階の最終開発試験飛行を完了した。

「F-35の最終試験の完了は，政府と産業界の共同チームによる長年の努力と献身の集大成だ」と，F-35の統合計画部部長マット・ウィンター中将は述べている。

「2006年にF-35A（AA-1）が初飛行して以来，開発飛行試験は11年以上にわたり無事故で実施されてきた。9,200回以上の出撃，17,000時間以上の飛行，65,000以上のテスト・ポイントを実施し，三つの型すべての設計と耐久性，ソフトウエア，センサー，兵器の能力と性能を検証してきた。強力で決定的な能力をもつこの新鋭戦闘機を送り出した試験チームとF-35に関わったすべての企業を祝福する」。

システム開発・実証が完了したので，最新のブロック3Fソフトウエアとその関連機能を運用できるようになり，今年（2018年）秋にカリフォルニア州エドワーズ空軍基地で始まる正式な初期運用試験評価への道が開けた。

この計画が深刻な問題を抱えていた8年前とは対照的な状況だ。当時はF-35のコストと性能に対する懸念を払拭するのに苦労し，計画の上層部には世界から重圧がのしかかっていた。試験部隊は技術的な欠陥で繰り返し飛行禁止になり，生産は滞って予算も破綻していた。

F-35の略歴

ボーイングとロッキード・マーチンは統合打撃戦闘機をめぐる競争のために，それぞれ2機の実証機に資

エドワーズ空軍基地の第461飛行試験飛行隊に所属するシステム開発・実証部隊。F-35AのAF-01からAF-04に加え，試験の効率を強化するためにエグリン基地の訓練部隊から転用された低率初期生産の2機（AF-06/07）で構成されている。（©ロッキード・マーチン／ポール・ウェザーマン）

金提供を受けた。X-32とX-35は設計において特徴となる短距離離陸・垂直着陸型（STOVL），通常離着陸型（CTOL），空母型（CV）への適合性を，性能比較飛行で競い合って証明しなければならなかった。

2000年12月下旬にシャフト・ドライブのリフトファン・エンジンを搭載したX-35B短距離離陸・垂直着陸型は，2001年2月にホバーピットでの地上試験を開始し，6月には引き続き飛行試験の準備に入った。2001年6月23日には初めて短時間の垂直離着陸を行い，翌日には持続的なホバリング，7月16日には初めて通常の固定翼飛行からの垂直着陸に成功した。

国防総省は2001年10月26日，X-35が勝利し，ロッキード・マーチンが180億ドルのシステム開発・実証契約を獲得すると発表した。これにより生産代表機に移行した。当初は通常離着陸型F-35Aが5機，短距離離陸・垂直着陸型F-35Bが5機，空母型F-35Cが3機の計13機のフル装備と，静的試験用の機体が含まれていた。2004年に初号機F-35A（AA-1）の製造を開始し，2005年5月に最終組立に入った。

2006年12月15日，F-35ライトニングⅡの初号機AA-1が，ジョン・ビーズリーの操縦で初めて空を飛んだ。（©ロッキード・マーチン）

F-35A初号機AA-1は，その後2009年からチャイナレイク基地で破壊的な実弾射撃の地上試験に使われた。（©ロッキード・マーチン）

テキサス州フォート・ワースにあるF-35の巨大な生産ライン。F-35が完全生産されるようになると，アメリカ国防総省はこれまでの1年単位での購入から複数年の調達契約に移行する。（©ロッキード・マーチン）

2010年3月18日，F-35B（BF-01）初号機が垂直着陸に成功した。（©ロッキード・マーチン）

2006年2月19日にフォート・ワースの生産ラインを出た初号機は同年7月7日に公開され，当時のアメリカ空軍参謀総長マイケル・モーズリー大将が公式の愛称“ライトニングⅡ”を命名した。

しかし，AA-1の計画にはすでに遅れが生じており，ロッキード・マーチンは10月に予定されていた初飛行に間に合わず，12月15日にチーフ・テスト・パイロットのジョン・ビーズリーの操縦で初飛行に成功した。

一方，F-35B初号機（BF-01）は2005年9月に作業を開始し，2008年6月11日に初飛行した。2003年当時，F-35Bは胴体中央部にリフトファンを追加したことにより，すでに重量の問題が懸念されていた。短距離離陸・垂直着陸型では構造物，兵器ベイ，そして“顧客の好み”から少なくとも2,700ポンド（1,225kg）の余分な重量をとり除くため，第三者による設計の評価と審査が始まった。

これにより，F-35Bのシステム開発・実証は進捗が大幅に遅れ，設計に妥協を迫られた。内部兵装はF-35A，Cがともに2,000ポンド（907kg）分が2カ所なのに対して，F-35Bは1,000ポンド分2カ所と先進中距離空対空ミサイル2発に縮小された。

2009年7月28日，ロッキード・マーチンは空母型F-35Cの初号機をフォート・ワースで公開した。このF-35C（CF-01）は2010年6月6日に初飛行した。

フォート・ワースのロッキード・マーチンを始め，カリフォルニア州エドワーズ空軍基地，メリーランド州パタクセント・リバー基地にいる産業界と軍の共同チームが，本格的にシステム開発・実証の大規模な飛行試験計画に取り組んだ。

しかし，ほかの主要な航空機計画と同様に遅れが生じた。システム開発・実証の試験機は主に部品の生産が遅れたことと形状の変更により，計画よりも製造に時間がかかった。国防総省の合同見積チーム（JET）はF-35の開発が完了するまでに，統合計画部が考えていたよりも時間とコストがかかると結論づけた。

2009年のパリ航空ショーで，当時の統合計画部部長のデビッド・ハインツ少将がシステム開発・実証の節目に関する情報について興味深い発言をしている。彼はF-35のコックピットを含む試験計画は革命的としかいいようがないと述べた。

初期運用試験評価は，2013年10月まで行われることになっていた。しかし，1年も経たない2010年2月，当時のロバート・ゲイツ国防長官の態度が硬化し，統合計画部部長のデビッド・ハインツはF-35の性能の低さから非難を受けた。ゲイツはロッキード・マーチンへの6億1,400万ドルの功労賞を保留にし，F-35Bを仮採用にするとともにシステム開発・実証段階を再構築し，28億ドルの費用をかけて約13カ月の追加試験を実施すると発表した。また，ゲイツは追加試験の費用を捻出するため，初期生産機の一部を延期にした。これは，「できるだけ早く生産を拡大する」というF-35生産計画の大前提となる方針に，真っ向から反するものだった。最初の低率初期生産バッチは開発試験が2015年にずれ込んだため，システム開発・実証段階に追加された。

この再構築は大きな効果をもたらし，徐々に遅れてきていたF-35計画がほぼ毎日のように重要な節目を刻み始めた。統計では飛行率が大幅に改善された。しかし，たとえばF-35Bは年間予定を上回る任務をこなしたものの，テスト・ポイントの総計では目標を下回っていた。

2012年にはレオン・パネッタ新国防長官がF-35Bの仮採用を解除し，2010年にF-35Bが抱えていた

F-35B（BF-04）の夜間試験では，メイン・エンジンの回転式排気ノズル（尾部の下側）が実演された。この高温排気は，コックピットの後方にあるロールス・ロイスのリフトファン（取り入れ口のハッチが開いている）から冷気を入れて補完する。（©ロッキード・マーチン／デーン・ウィードマン）

2010年，ロバート・ゲイツ国防長官はF-35Bを仮採用とした。イギリスは海軍の「クイーン・エリザベス」級空母2隻にコストのかかる改造をする必要がなくなったこともあり，F-35Cへの機種転換を決定したが，2012年5月に元のF-35Bに計画が戻された。（©アメリカ国防総省）

進化した機能

コックピットは大型の液晶カラーディスプレイで占められている。無数のトグル・スイッチがなくなり，タッチパネルになった。F-35は当初からとてもシンプルで使いやすいように設計されているが，その実現には多くの努力がはらわれてきた。

このディスプレイ“フィンガー・オン・グラス”は，航法や脅威の警告から標的の指定，兵器の表示まですべてをパイロットに提供する。

その最大の特徴は20×8イ

機首の下にある電子光学照準システム（EOTS）は，一部のパイロットからは，レーザー照準ポッドのように時代に合っていないと批判されている。（©ジェイミー・ハンター）

ンチ（50.8×20.3cm）のタッチパネルで，ロッキード・マーチンは音声認識よりも迅速に意思決定ができるという理由から，この方法を選んでいる。音声認識は航行座標や無線周波数など，タッチパネルでは大量のキー入力が必要となる機能に使用される。

　また，F-35はできるかぎり簡単に飛行できるように設計されている。ロッキード・マーチンは短距離離陸・垂直着陸型F-35Bを，ハリアーⅡの複雑な操作よりもシンプルにしたいと考えた。元F-35テスト・パイロットのジョン・ビーズリーはこう語る。「パイロットには（F-35Bで）離着陸の訓練ばかりに時間を費やしてほしくない。実際，私たちが考えた操作は，とてもハリアーらしくない。実際，F-35の操作はハリアーとは似ても似つかない。（通常の飛行なら）高速のときは操縦桿を引いて上昇する。速度を上げたければスロットルを開ける。この基本概念をホバリングに生かしている。左側のインセプター（スロットル）は，巡航飛行の制御（高度の指示）として作動する。パイロットが操縦桿から手を離すと，機体はそのままの状態になる」。

　F-35のテスト・パイロット，ダン・キャニンはこう評する。「F-35Bは操作性がよく，燃料がなくなるまでサンドイッチを食べながら艦艇のそばで完全にホバリングしていられる！」。

F-35はさまざまな点で最先端をいっている。当初からセンサーとデータの融合における設計が優れており，パイロットは目の前の任務に集中できる。（©ロッキード・マーチン／ダーリン・ラッセル）

　また，この統合打撃戦闘機には従来のヘッドアップディスプレイの代わりに，ヘルメット・マウント・ディスプレイが標準装備されている。このヘルメットのコンセプトはとても先進的で，ロッキード・マーチンが“バーチャル”と呼ぶ印象的なヘッドアップ・ディスプレイの機能を備えている。ヘルメット・マウント・ディスプレイは，正しい位置で情報と前方監視型赤外線装置の画像を提供する。これは電子光学分散開口システム（EODAS）が，赤外線センサーにより航空機の全周360°を昼夜を問わず暗視装置で表示させる能力があることによる。このシステムにより，パイロットはカメラが捉えたものと同じ光景を，頭の向きを変えるだけで機体越しに床下でも見ることができる。

　これまでの試験項目には，大きな悩みの種としてヘルメットの問題がしっかり説明してある。夜間の明瞭度や表示の遅延が大きな問題だったが，今ではソフトウエアの更新や回避策によってほぼ克服されている。AN/APG-81アクティブ電子走査アレイ（AESA）・レーダーと電子光学照準システム（EOTS）が赤外線探知と追跡データを提供し，フリアーシステムズ社の前方監視型赤外線装置（FLIR）が目標指示と場面追尾を行うという，センサー群が一体となっているのが印象的だ。

F-35のコックピットはまさに革命的というほかない。ヘッドアップ・ディスプレイはないが，一つの大型多機能ディスプレイと高度なヘルメット装着型記号システムが頼りになる。（©ロッキード・マーチン）

五つの主要な技術的問題が解決され，飛行試験を行うという進展がみられた。

追い込み

F-35計画を身近で見守ってきた者にとって，運用試験評価担当官の年次報告書は常に身が引き締まる内容だった。彼らはF-35が未熟で，パイロットや整備員が問題を回避する方法を見つける必要があるとたびたび懸念を述べた。たとえば，ブロック2Bの飛行性能試験では，兵器ベイのドアを開けた状態での運航が含まれた。この項目では，開いたドアの一部にかかる動的な飛行荷重が予想以上に大きいと判明し，追加の計測と試験が必要になった。

試験チームはほかのテスト・ポイントで代わりができるとして，ブロック3の飛行性能計画ではドアを開けなかった。

しかし，システム開発・実証の開発試験計画が正式に終了すると，その成果が明らかになった。飛行科学

アメリカ海兵隊は，ハリアーⅡとホーネットの両部隊と置き換えるF-35B/Cを頼りにしている。（©ロッキード・マーチン）

フロリダ州エグリン空軍基地のマッキンリー気候研究所で，F-35の気候試験を実施した。（©ロッキード・マーチン）

2013年，メリーランド州パタクセント・リバー基地の第23航空試験評価飛行隊に所属する統合試験部隊のパイロットチーム。（©ロッキード・マーチン／マイケル・D・ジャクソン）

F-35Bは強襲揚陸艦で3回の艦上開発試験を行った。この写真では，リフトファンの効果が良好だ。（©ロッキード・マーチン）

2012年6月27日，クリス・タバート少佐がF-35C（CF-01）を操縦し，C型では初めて外部にAIM-9Xサイドワインダーを搭載して飛行した。（©ロッキード・マーチン／アンディ・ウルフ）

2013年1月4日，CF-01がAIM-120先進中距離空対空ミサイルを内部兵器ベイに搭載して試験を行っている。（©ロッキード・マーチン／アンディ・ウルフ）

の活用から任務のシステム試験の実施まで，F-35試験チームのたゆまぬ働きで，ブロック3Fの能力を運用部隊に提供する道が開けた。このシステム開発・実証では1,000人以上の飛行試験エンジニア，整備員，パイロット，支援要員が，F-35の三タイプについて飛行性能をフルに使い，その性能と飛行品質をテストした。試験チームは6回にわたって海へ分遣され，短距離離陸・垂直着陸型F-35Bで1,500回以上の垂直着

「長い道のりだった。数年前ならそんなことを言えたかどうかわからないが，今では本当に申し分ない」

第461飛行試験飛行隊長，タッカー・ハミルトン中佐

エドワーズ空軍基地でF-35A（AF-01）が2,000ポンドGBU-31統合直接攻撃弾を外部に搭載し，負荷・フラッター試験を行った。（©ロッキード・マーチン／ダーリン・ラッセル）

標準ソフトウエア

システム開発・実証段階における初期のF-35では，ブロック0.5のソフトウエアは試験に限られていたが，ブロック1Aと1Bは訓練モードに付随して繰り返し使われた。ブロック2では兵器モードを含む基本的な戦闘能力が導入され，統合直接攻撃弾やAIM-120先進中距離空対空ミサイルなどの兵器試験が行えるようになった。ブロック3では空対空，敵防空網制圧，近接航空支援，阻止任務の訓練を強化するための兵器が追加され，外部兵装も搭載可能になった。

エドワーズ空軍基地で行われた急角度攻撃試験で，F-35A（AF-04）に回転回収式のパラシュートが装着されている様子。（©ロッキード・マーチン／マシュー・ショート）

陸試験を実施した。統合飛行試験チームは183回の兵器分離と46回の搭載兵器適正試験を完了した。

ロッキード・マーチンの副社長でF-35計画の統括部長を務めるグレッグ・ウルマーは，「F-35の飛行試験計画は航空史上最も包括的で厳格なものであり，最も安全に開発が行われた」と述べている。

エドワーズ空軍基地の第461飛行試験飛行隊長でF-35統合試験飛行担当官のタッカー・ハミルトン中佐は，最近行われた8機の試験についてこう述べている。「F-35が使いものになる航空機だと現実に証明された。長い道のりだった。数年前ならそんなことを言えたかどうかわからないが，今では本当に申し分ない」。

ロッキード・マーチンのテスト・パイロット，ビリー・フリンにとって，F-35の作業で最も非現実的な経験は，航空機を人工気候室に持ち込み，きわめて過酷な環境でもやっていけるか確かめたことだった。

「零下40℃まで凍らせて120℃まで焼き上げ，独自の製氷噴射機で氷を吹きかけ，ドアを閉めた格納庫でF-35をホバリングさせた」と，フリンはこの気候試験について語っている。「私たちはこの航空機の能力について，既成概念をすべて打ち砕いた。予想を上回る生存率と殺傷力だ」。

統合計画部はF-35を厳しい時期

統合打撃戦闘機初の兵器分離試験はF-35Bで始まった。2012年8月8日，ロッキード・マーチンのテスト・パイロット，ダン・レビンがBF-03でGBU-32統合直接攻撃弾を投下した。（©ロッキード・マーチン／アンディ・ウルフ）

2012年10月16日，エドワーズ空軍基地の任務でエリック・シュルツ少佐が操縦するF-35A（AF-01）が2,000ポンドGBU-31を投下し，この機種としては初の兵器分離を行った。F-35Aは，10カ所の兵器架で最大18,000ポンド（8,165kg）の運搬能力をもつように設計されている。（©ロッキード・マーチン／マシュー・ショート）

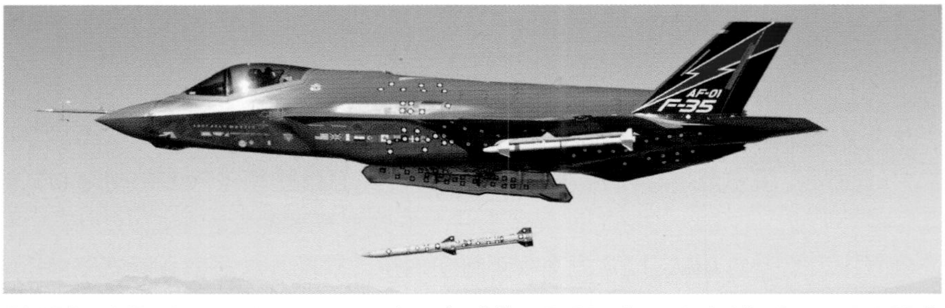

2012年10月19日，マシュー・フィリップス少佐のF-35A（AF-01）が初めてAIM-120先進中距離空対空ミサイルの空中発射を行った。（©ロッキード・マーチン／マシュー・ショート）

メリーランド州パタクセント・リバー海軍航空基地から，試験中のCF-02が背面飛行でAIM-9Xを発射する。（©ロッキード・マーチン／デーン・ウィードマン）

2017年2月21日，ジョン・ダーク少佐が操縦するBF-01が，F-35Bのガンポッドを初めて試射した。（©ロッキード・マーチン／デーン・ウィードマン）

F-35AがAIM-120 先進中距離空対空ミサイルを発射する際には，一時的だがレーダーに捉えられる。（©ロッキード・マーチン）

システム開発・実証には，GBU-39小径爆弾の投下も含まれている。（©ロッキード・マーチン／チャド・ベレー）

から現在の状況まで導いてきた。開発・生産・維持コスト全体を把握して改善し，特にエンジン火災のため2014年にイギリスの航空ショーに参加できなかったことなど，注目を集めた技術的な問題や財政危機を乗り切った。また，技術的な問題を特定し原因を突き止め，“修正”の助けとなるために設計された自動兵站情報システム（ALIS）にも不満があった。最近の問題では締結孔の腐食を巡って，どこが修理費用を負担すべきかが議論になっている。

システム開発・実証の飛行試験は終了したが，今後はブロック4とそれに続く更新パッケージを納品するために“継続的な能力開発と搬入”，つまりはさらなる近代化の努力のために開発試験が継続される。初期運用試験評価への扉が開かれ，節目となるC段階で完全生産が決定される日が待たれている。F-35計画は順調に進み，現在は300機以上が納入され，これまでで最も成功した戦闘機の一つとなる道を歩んでいる。

75
CDR J. Ryan "Flopper" Murphy
RESCUE
VX-23
USS GEORGE WASHINGTON

2018年3月19日，クリストファー・タバート少佐のCF-05が，最後のシステム開発・実証試験の一つとなる2,000ポンドの外部兵装でカタパルト射出を行う。（©アメリカ海軍／アーネル・パーカー）

▍著者

ジェイミー・ハンター／ Jamie Hunter

イギリスの航空ジャーナリスト，航空写真家。イギリスの航空雑誌『Aircraft Illustrated』をはじめ，航空機に関する数多くの雑誌に寄稿している。

▍監修者・訳者

時実雅信／ときざね・まさのぶ

編集者，雑誌ライター，戦史研究家。近代以降の戦史，特に日米海軍をテーマとして雑誌『丸』（潮書房光人新社）や『歴史群像』（ワンパブリッシング）などの雑誌を中心に記事執筆と編集（翻訳本の編集を含む）をしている。執筆に当たっては原文の翻訳を含む一次史料を元に分析をする。

F-35
LIGHTNING II
THE FIGHTER EVOLUTION

2021年10月15日発行　2022年2月15日　第2刷

著者　ジェイミー・ハンター
監修者・訳者　時実雅信
翻訳協力　株式会社 ぷれす
編集　道地恵介，鈴木ひとみ
表紙デザイン　田久保純子
発行者　高森康雄
発行所　株式会社 ニュートンプレス
〒112-0012 東京都文京区大塚 3-11-6
https://www.newtonpress.co.jp

ISBN 978-4-315-52443-7

表紙画像：イギリス空軍第17試験評価飛行隊のF-35BライトニングII（©ジェイミー・ハンター）